Alberto Geri **Marco Maccioni**

Raccolta di esercizi d'esame di
Elettrotecnica

Per gli studenti del Corso di Laurea in Ingegneria Energetica

Società Editrice
ESCULAPIO

Prof. Alberto Geri *DIAEE – Sezione Elettrotecnica, Via delle Sette Sale 12/b - 00184 Roma*
Tel.: 06 44585540 Fax: 06 44585698 e-mail: alberto.geri@uniroma1.it

Ing. Marco Maccioni *DIAEE – Sezione Elettrotecnica, Via delle Sette Sale 12/b - 00184 Roma*
Tel.:06 44585540 Fax:06 44585698 e-mail: marco.maccioni@uniroma1.it

ISBN 978-88-7488-932-7

Società Editrice Esculapio s.r.l.
Via Terracini, 30 – 40131 Bologna
www.editrice-esculapio.com – info@editrice-esculapio.it

Impaginazione: Carlotta Lenzi, Giancarla Panigale
Layout copertina: Carlotta Lenzi, Giancarla Panigale

Società Editrice
ESCULAPIO

Indice generale

Premessa

In questa raccolta di esercizi sono riportate le tracce e le soluzioni delle verifiche scritte finali assegnate agli studenti di Elettrotecnica del Corso di Laurea in Ingegneria Energetica (9 CFU) della Facoltà di Ingegneria Civile ed Industriale della "Sapienza" Università di Roma.

Le tracce proposte e le corrispondenti soluzioni fanno riferimento ad un significativo insieme di argomenti dell'Elettrotecnica di base (i.e., relativi ai fondamenti della teoria dei campi e della teoria dei circuiti); possono pertanto fornire un valido supporto didattico agli studenti, sia come aiuto nella comprensione e nell'approfondimento degli argomenti affrontati durante il corso di insegnamento, sia, più specificatamente, per conseguire un'idonea preparazione ai fini del superamento della verifica scritta finale.

È opportuno precisare fin da ora che gli svolgimenti riportati in questo testo rappresentano, in genere, solo un possibile metodo risolutivo per le tracce assegnate, e non necessariamente la migliore o addirittura l'unica modalità di svolgimento possibile, ferma restando, ovviamente, l'unicità dell'eventuale soluzione numerica.

Nel rispetto dei vincoli imposti dalla traccia, sarebbe pertanto opportuno, anzi auspicabile, che gli studenti esplorassero possibili modalità alternative di soluzione, valutandone criticamente l'efficacia per confronto con lo svolgimento proposto dagli autori.

Sebbene particolare attenzione sia stata posta nella risoluzione degli esercizi, trattandosi della prima edizione, saranno inevitabilmente presenti imprecisioni ed errori dei quali fin da ora gli autori si scusano. A tale riguardo, si ringraziano anticipatamente quanti, tra colleghi e studenti, volessero segnalare eventuali refusi presenti nel testo.

Capitolo 1

Introduzione

Le convenzioni di seguito proposte ed adottate sono state introdotte unicamente al fine di uniformare le soluzioni e l'interpretazione degli esercizi numerici, ma non costituiscono per gli studenti vincolo alcuno. Nell'ambito dei limiti di autonomia concessi dalle traccie assegnate, lo studente può infatti adottare convenzioni e/o tecniche di analisi difformi da quelle proposte, senza per questo pregiudicare la validità delle soluzioni trovate ed a condizione, ovviamente, di darne corretta interpretazione in funzione delle fissate convenzioni e/o tecniche di analisi.

1.1 Convenzioni tipografiche

Nella stesura del testo gli autori si sono attenuti, per quanto possibile e salvo diversa specificazione, alle raccomandazioni riportate nella Norma CEI EN 60027-1 - "*Simboli letterali da usare in elettrotecnica*" - Seconda edizione (redatta dal Comitato tecnico CT 1/25 - Terminologia, grandezze ed unità), che fornisce indicazioni generali sulle grandezze, le unità e i loro simboli letterali, nonché sui simboli matematici da utilizzare in elettrotecnica. La norma fornisce anche le regole per la scrittura e la stampa di questi simboli, nonché per l'utilizzo di eventuali simboli (apici o pedici, ecc.) aggiuntivi ai simboli delle grandezze. Per comodità del lettore, sono di seguito riportate le principali convenzioni tipografiche adottate:

- $\mathbb{E}$ grandezze vettoriali in generale assegnate nel dominio del tempo
- $\tilde{\mathbb{H}}$ grandezze vettoriali assegnate nel dominio dei fasori
- $\tilde{U}$ grandezze scalari assegnate nel dominio dei fasori
- $\dot{z}, \dot{Z}, \dot{\alpha}$ numeri ed operatori complessi
- $\dot{Z}^*, \tilde{I}^*$ quantità complesse coniugate
- v, V grandezze scalari assegnate nel dominio del tempo e tempo invarianti
- j unità immaginaria, $j = \sqrt{-1}$.

1.2 Convenzioni adottate per la soluzione delle reti

Senza scapito di generalità, e salvo diversa specificazione, nella soluzione delle reti elettriche si sono adottate le seguenti convenzioni:

- i nodi (definiti come i punti di connessione di almeno tre componenti circuitali distinti) sono numerati progressivamente a partire dallo **0** (*zero*), assunto come ***riferimento per i potenziali*** (i.e., è il nodo a cui viene convenzionalmente attribuito il valore nullo del potenziale, $V_0 = 0$);
- i bipoli/lati di una rete (Fig. 1a) sono individuati mediante una notazione a doppio pedice: il lato si individua facendo riferimento alla coppia di nodi su cui è appoggiato; quindi, con $\boldsymbol{l}_{\mathbf{hk}}$ si indica il lato appoggiato sui nodi **h** e **k**;
- parimenti, le tensioni e le correnti di lato sono individuate mediante la medesima notazione a doppio pedice associata ai nodi su cui il lato è appoggiato; il riferimento positivo è stabilito dalla sequenza dei pedici che identificano i due nodi (Fig. 1b)
  - quindi, con $\boldsymbol{I}_{\mathbf{hk}}$ si indica la corrente del lato che collega il nodo **h** al nodo **k** ed il cui riferimento positivo è quello corrispondente ad un flusso che va da **h** a **k** (ed è equivalente al riferimento stabilito mediante una freccia che punta verso il nodo **k**, Fig. 1b);
  - mentre, con $\boldsymbol{U}_{\mathbf{hk}}$ si indica la tensione del lato che collega sempre i nodi **h** e **k**, ed il cui riferimento positivo è collocato in corrispondenza del nodo **h** (ed è equivalente al riferimento stabilito mediante il segno + posizionato in corrispondenza del nodo **h**, ovvero mediante una freccia che punta verso il nodo **h**, Fig. 1b);
- per le tensioni e le correnti di lato, salvo diversa specificazione, si sono scelti riferimenti coordinati applicando la convenzione degli utilizzatori a tutti i bipoli/lati della rete (Fig. 1b); sui lati saranno pertanto indicati i soli riferimenti positivi delle correnti (Fig. 1c);

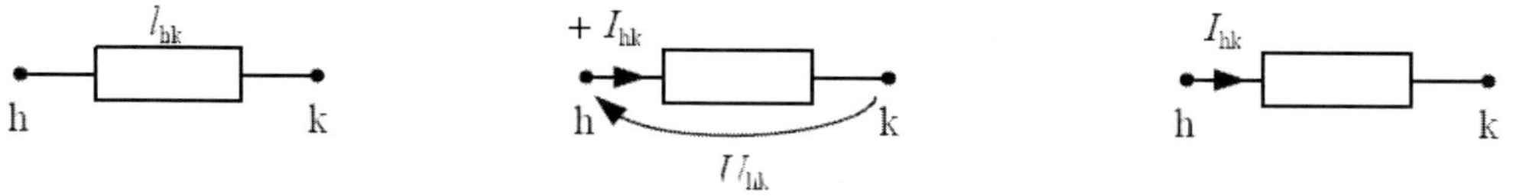

(a) *Lato della rete* (b) *Convenzione degli utilizzatori* (d) *Versi coordinati*

Figura 1

- in questo testo, per uniformità e comodità espositiva, la notazione a doppio pedice impiegata per individuare i lati e le corrispondenti grandezze elettriche rispetterà l'ordinamento cardinale dei corrispondenti nodi, e.g. $\boldsymbol{I}_{hk}$ indica la corrente di lato con riferimento positivo che va dal nodo di ordine superiore a quello di ordine inferiore, i.e. $\mathbf{h} > \mathbf{k}$;

- è in generale buona norma effettuare tutte le trasformazioni (attive e passive) atte a semplificare la topologia della rete elettrica assegnata, al fine di ridurne la complessità e, conseguentemente, ridurre anche l'ordine del sistema risolvente;

- per l'individuazione dei nodi e delle maglie della rete, da cui dipende il numero delle incognite e quindi l'ordine del sistema risolvente, è pertanto buona norma far riferimento alla rete ridotta e normale (ottenuta eliminando tutti i collegamenti serie e/o parallelo, e contenente solo generatori reali).

Si osservi che l'eventuale spostamento dei generatori ideali di tensione o di corrente, consigliato quando si applica rispettivamente il metodo dei nodi o quello delle maglie, porta ad una variazione topologica della rete elettrica. Di queste variazioni si dovrà tenere debitamente conto nel passaggio dalla soluzione delle rete equivalente alla determinazione di tutte le tensioni e le correnti di lato delle rete originaria (ovvero per la determinazione della soluzione della rete elettrica assegnata).

1.3 Suggerimenti per gli studenti

A completamento delle osservazioni di cui sopra, ed a fronte di un esperienza maturata in più di venti anni di insegnamento, si suggerisce agli studenti, nel rispetto dei vincoli imposti dalle traccie, che sarebbe opportuno, anzi auspicabile, che gli stessi esplorassero modalità alternative di soluzione, valutandone criticamente l'efficacia per confronto con lo svolgimento proposto dagli autori.

Si suggerisce pertanto di:

1) proporre un autonomo svolgimento del quesito e/o soluzione dell'esercizio considerato;

2) analizzare criticamente lo svolgimento/soluzione proposta attraverso l'ausilio del libro di testo;

3) confrontare la soluzione ottenuta con quella proposta dagli autori, valutando criticamente le differenze.

Capitolo 2

Tracce proposte

La verifica scritta finale si articola in due distinte prove, ciascuna delle quali ha una durata di due ore.

La prima prova verte su argomenti di teoria, e consiste in due domande aperte:

- il primo quesito ha per oggetto argomenti inerenti la teoria dei campi;
- il secondo quesito ha invece per oggetto argomenti inerenti la teoria dei circuiti.

La finalità dei quesiti è quella di mettere lo studente nelle migliori condizioni per evidenziare le conoscenze acquisite sull'argomento indicato dalla traccia. I temi proposti consentono discussioni ampie ed articolate, pertanto è assolutamente buona norma rispondere in modo circostanziato al quesito posto, e poi eventualmente integrare la risposta con possibili argomenti correlati.

La seconda prova verte su applicazioni pratiche, e consiste in due esercizi numerici:

- il primo esercizio ha per oggetto argomenti inerenti la teoria dei campi e di pratico interesse ingegneristico;
- il secondo esercizio ha invece per oggetto argomenti inerenti la teoria dei circuiti, e consiste nelle soluzione di una rete elettrica (in regime permanente continuo o permanente sinusoidale – monofase o trifase –), o in un'applicazione di pratico interesse ingegneristico rappresentabile mediante un modello circuitale equivalente.

La finalità degli esercizi è quella di verificare le abilità acquisite dagli studenti nella soluzione qualitativa e quantitativa di semplici problemi elettromagnetici. Pertanto, è di fondamentale importanza sia l'approccio metodologico impiegato, che la conseguente soluzione numerica, i cui valori dovranno essere coerenti con la natura del fenomeno fisico studiato. Si invitano pertanto gli studenti a verificare sempre la congruenza dimensionale e la coerenza numerica della soluzione trovata rispetto al problema fisico affrontato.

Cognome		Matricola		ID # : 001
Nome		Data		BENR - PQA

1° QUESITO *Le equazioni di Maxwell: dedurre, dalle equazioni di Maxwell, l'equazione del bilancio energetico fondamentale di tutti i fenomeni elettromagnetici (i.e., il teorema di Poynting).*

Svolgimento: pag. 62

2° QUESITO *Le trasformazioni delle reti passive: dedurre l'espressione della capacità del condensatore equivalente a due o più condensatori di assegnate capacità ed interconnessi in serie.*

Svolgimento: pag. 63

Cognome		**Matricola**								**ID # : 001**
Nome		**Data**								**BENR - PEA**

1° ESERCIZIO *Sapendo che sul conduttore esterno del cavo coassiale in figura è depositata la densità di carica elettrica per unità di lunghezza* ρ_l *, calcolare l'energia elettrostatica immagazzinata nel dielettrico.*

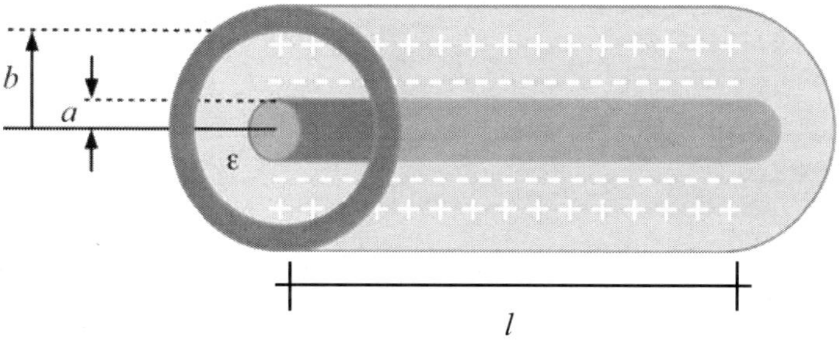

***Dati*:** $a=2$ cm $b=5$ cm $l=20$ cm $\rho_l=10^{-4}$ C m^{-1} $\varepsilon_r=4$

Svolgimento: pag. 64

2° ESERCIZIO *Risolvere la rete in figura applicando il metodo delle maglie.*

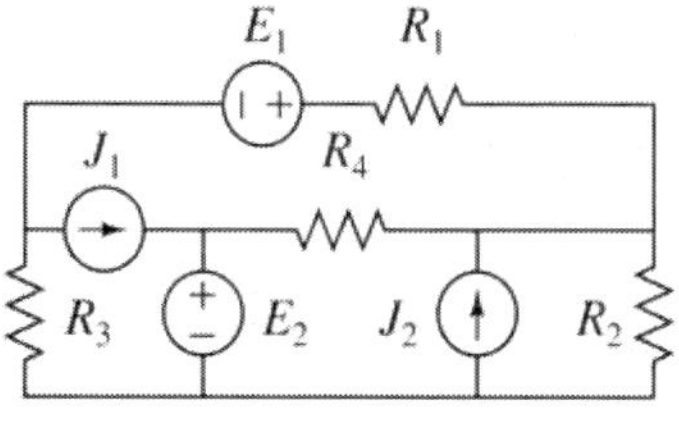

***Dati* :**
$E_1 = 48$ V
$E_2 = 12$ V
$J_1 = 1$ A
$J_2 = 2$ A
$R_1 = R_2 = R_3 = R_4 = 10\ \Omega$

Svolgimento: pag. 64

Cognome		Matricola								ID # : 002
Nome		Data								BENR - PQB

1° QUESITO *L'interazione elettromagnetica: il campo magnetico nei mezzi materiali.*

Svolgimento: pag. 67

2° QUESITO *Le trasformazioni delle reti attive: mostrare e giustificare la modalità di spostamento di un generatore ideale di tensione interconnesso fra due nodi di una generica rete elettrica.*

Svolgimento: pag. 68

Cognome		Matricola		ID # : 002
Nome		Data		BENR - PEB

1° ESERCIZIO *Un condensatore a facce piane presenta la capacità di 0.128 μF. Determinare la superficie delle facce sapendo che sono separate da una pellicola dielettrica di Mylar ($\varepsilon_r = 4$) dello spessore di 55 μm.*

Svolgimento: pag. 69

2° ESERCIZIO *Assegnata la rete trifase in figura, determinare la potenza attiva e quella reattiva complessivamente erogate dal sistema di generazione.*

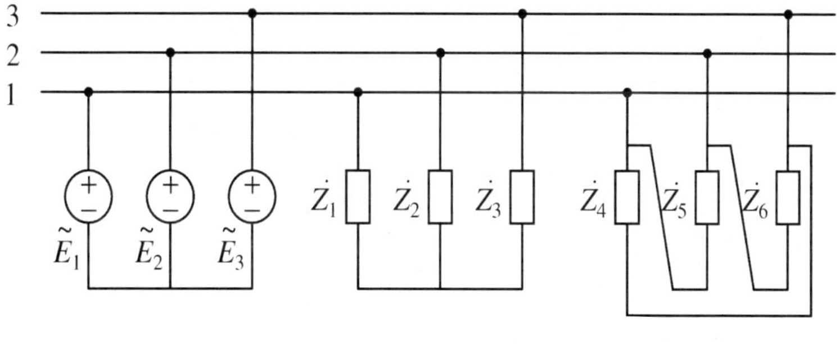

***Dati*:**

$\tilde{E}_1 = j\,230\,\text{V}$	$\dot{Z}_1 = 5 + j\,5\,\Omega$	$\dot{Z}_4 = +\ 10\,\Omega$
$\tilde{E}_2 = +199 - j\,115\,\text{V}$	$\dot{Z}_2 = 5 + j\,5\,\Omega$	$\dot{Z}_5 = -j\,10\,\Omega$
$\tilde{E}_3 = -199 - j\,115\,\text{V}$	$\dot{Z}_3 = 5 + j\,5\,\Omega$	$\dot{Z}_6 = +j\,10\,\Omega$

Svolgimento: pag. 70

Cognome		**Matricola**		**ID # : 003**
Nome		**Data**		**BENR - PQC**

1° QUESITO *Le equazioni di Maxwell: mostrare come sia possibile passare dalla formulazione differenziale della legge di Faraday a quella integrale.*

Svolgimento: pag. 72

2° QUESITO *La potenza nelle reti in regime sinusoidale: la potenza nei sistemi trifase.*

Svolgimento: pag. 73

Cognome		Matricola		ID # : 003
Nome		Data		BENR - PEC

1° ESERCIZIO *Una spira rettangolare ruota alla velocità angolare n in un campo di induzione magnetica uniforme e costante* **B**. *Determinare la corrente indotta nella spira supponendo che la stessa abbia una resistenza elettrica interna R.*

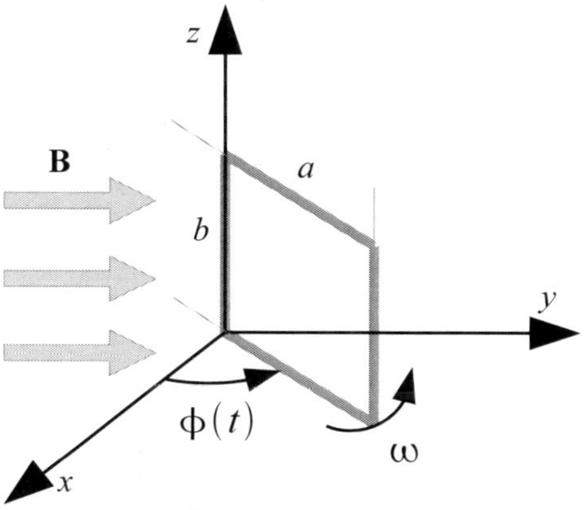

***Dati*:**
$a = 2$ cm
$b = 3$ cm
$n = 6000$ giri/minuto
$\mathbf{B} = 50\,\hat{\mathbf{y}}$ mT
$R = 0.5$ Ω

Svolgimento: pag. 74

2° ESERCIZIO *Una batteria di un'autovettura presenta a vuoto una tensione di 12.73 V e quando è chiusa su di una resistenza campione di 10 Ω eroga una corrente di 1.25 A. Determinare la corrente erogata dalla batteria quando è chiamata ad alimentare il circuito dei fari dell'autovettura che impiega due lampade da 55 W – 12 V, per i fari anteriori, e due lampade da 21 W – 12 V, per quelli posteriori. Si trascuri la resistenza dei conduttori di collegamento delle lampade alla batteria.*

Svolgimento: pag. 75

Cognome		**Matricola**								**ID # : 004**
Nome		**Data**								**BENR - PQD**

1° QUESITO

Assumendo che la permeabilità del materiale ferromagnetico sia $\mu \gg \mu_0$*, determinare i coefficienti di auto e mutua induzione dei due avvolgimenti in figura.*

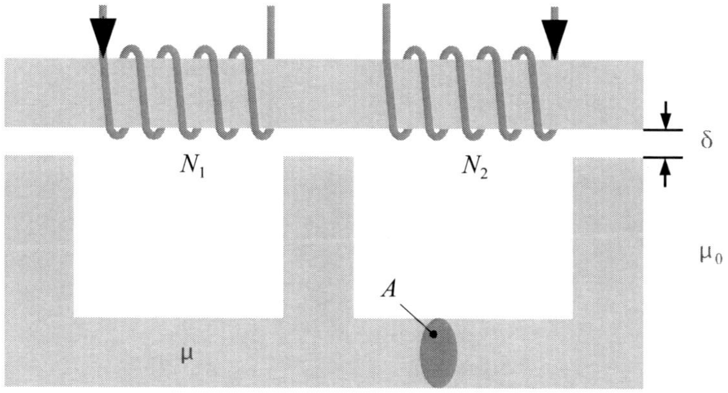

Svolgimento: pag. 77

2° QUESITO

La potenza nelle reti in regime stazionario: enunciare e discutere il teorema del massimo trasferimento di potenza.

Svolgimento: pag. 79

Cognome		Matricola		ID # : 004
Nome		Data		BENR - PED

1° ESERCIZIO *Calcolare la capacità del condensatore a facce piane e parallele in figura prima e dopo l'inserzione di uno strato di Mylar di spessore δ. È nota la superficie delle armature, A, la loro distanza, d, ed il dielettrico interposto (i.e., l'aria).*

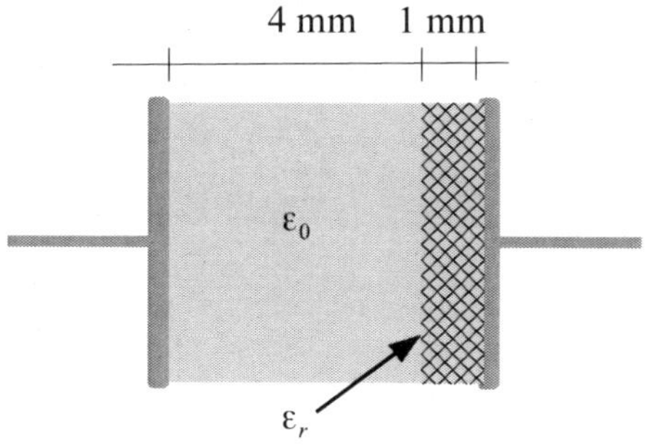

***Dati*:**
$A = 3.25$ m^2
$d = 5$ mm
$\delta = 1$ mm
$\varepsilon_r = 4$

Svolgimento: pag. 79

2° ESERCIZIO *Risolvere la rete in figura e verificare il teorema di Boucherot.*

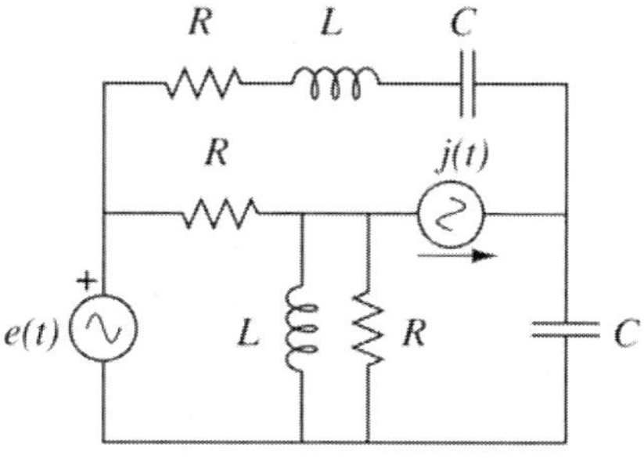

***Dati* :**
$e(t) = \sqrt{2}\ 10$ sen $(314\,t + \pi/3)$ V
$j(t) = \sqrt{2}\ 1 \cos(314\,t + \pi/4)$ A
$R = 10\ \Omega$
$L = 16$ mH
$C = 0.318$ mF

Svolgimento: pag. 80

Cognome		Matricola								ID # : 005
Nome		Data								BENR - PQA

1° QUESITO *L'interazione elettromagnetica: definizione e proprietà del campo elettrico.*

Svolgimento: pag. 83

2° QUESITO *Le trasformazioni delle reti passive: la trasformazione triangolo-stella di bipoli capacitivi.*

Svolgimento: pag. 83

Cognome		**Matricola**		**ID # : 005**
Nome		**Data**		**BENR - PEA**

1° ESERCIZIO *Sapendo che l'energia specifica immagazzinata in un campo magnetico è di 18.6 kJ, mentre l'induzione magnetica è di 1.95 T, calcolare il valore dell'intensità di campo magnetico e quello della permeabilità del materiale (supposto a comportamento lineare) entro cui si sviluppano le linee di forza del campo.*

Svolgimento: pag. 84

2° ESERCIZIO *Assegnata la rete in figura, determinare la tensione u(t) ai morsetti terminali.*

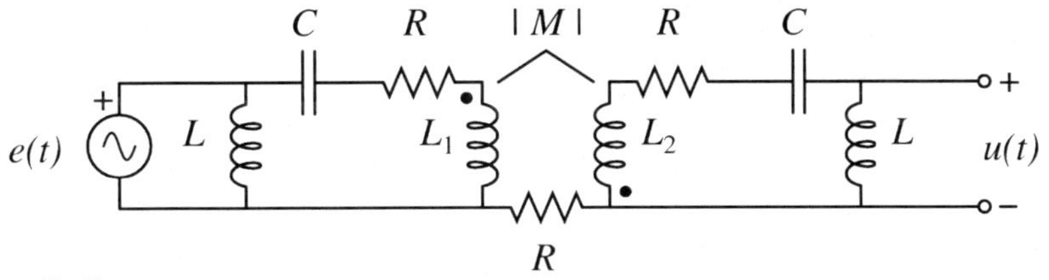

***Dati* :**

$e(t) = \sqrt{2}\ 230$ sen $(3455.7519\, t + \pi/6)$ V

$R = 50\ \Omega$ $L_1 = 10$ mH

$L = 5$ mH $L_2 = 50$ mH

$C = 0.01$ mF $k = 0.8$

Svolgimento: pag. 85

Cognome		**Matricola**									**ID # : 006**
Nome		**Data**									**BENR - PQB**

1° QUESITO *Le equazioni di Maxwell: mostrare che l'equazione di continuità, pur essendo stata introdotta antecedentemente ed indipendentemente, è in realtà una diretta conseguenza delle equazioni di Maxwell.*

Svolgimento: pag. 87

2° QUESITO *Le trasformazioni delle reti attive: mostrare e giustificare la modalità di spostamento di un generatore ideale di corrente interconnesso fra due nodi di una generica rete elettrica.*

Svolgimento: pag. 87

Cognome		**Matricola**								**ID # : 006**
Nome		**Data**								**BENR - PEB**

1° ESERCIZIO *Dimensionare un elettrodo emisferico in modo tale che la sua resistenza di terra sia $R_t = 100\ \Omega$ quando è immerso in un terreno avente una resistività $\rho_g = 300\ \Omega$ m. Valutare inoltre la tensione di passo, U_p, alla distanza $d = 50$ m dall'elettrodo quando il dispersore drena a terra la corrente di guasto $I_g = 400$ A.*

Svolgimento: pag. 88

2° ESERCIZIO *Risolvere la rete in figura applicando il metodo dei nodi e determinare la corrente i(t).*

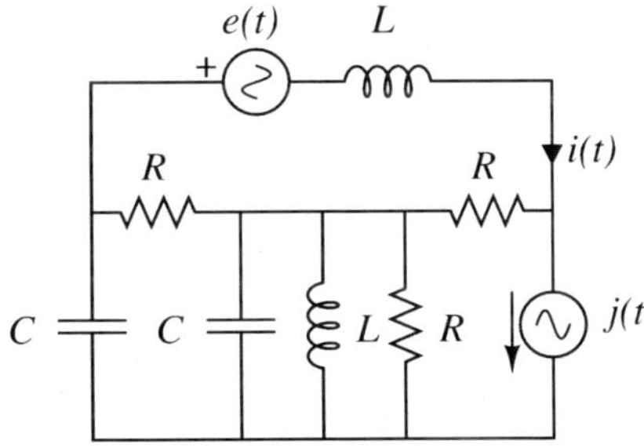

Dati :
$e(t) = \sqrt{2}\ 230$ sen $(314\,t + \pi/3)$ V
$j(t) = \sqrt{2}\ 2 \cos(314\,t + \pi/4)$ A
$R = 50\ \Omega$
$L = 50$ mH
$C = 0.050$ mF

Svolgimento: pag. 89

Cognome		**Matricola**									**ID # : 007**
Nome		**Data**									**BENR - PQC**

1° QUESITO *Il principio delle immagini elettriche: enunciazione e sue possibili applicazioni nella soluzione analitica dei problemi di elettrostatica.*

Svolgimento: pag. 92

2° QUESITO *Dai campi ai circuiti: l'induttore e la sua relazione costitutiva.*

Svolgimento: pag. 93

Cognome		**Matricola**									**ID # : 007**
Nome		**Data**									**BENR - PEC**

1° ESERCIZIO *Il piano xy (z = 0) coincide con la superficie di separazione fra l'aria ed un blocco di ferro ($\mu_{fe}=5000\mu_0$). Calcolare il campo di induzione magnetica nel ferro, $\mathbf{B}_{fe}$, sapendo che all'interfaccia ed in aria vale $\mathbf{B}_0=4\hat{\mathbf{x}}-6\hat{\mathbf{y}}+8\hat{\mathbf{z}}$ mT .*

Svolgimento: pag. 95

2° ESERCIZIO *Una rete trifase rigida alimenta mediante una terna simmetrica diretta di tensioni (U_n = 400 V) un motore trifase (U_n = 400 V, P_M = 30 kW, Q_M = 20 kvar) e tre gruppi di carichi monofase fra loro uguali (ciascun gruppo è costituito da 6 carichi monofase aventi i seguenti dati di targa: U_n = 230 V, P_n = 4.5 kW, $\cos\varphi=0.9$). Determinare le correnti di linea e la capacità teorica da assegnare ai condensatori del banco di rifasamento per innalzare il f.d.p. complessivo dell'impianto a 0.92 (motivare la scelta del tipo di collegamento adottato per i condensatori del banco di rifasamento).*

Svolgimento: pag. 95

Cognome		**Matricola**								**ID # : 008**
Nome		**Data**								**BENR - PQD**

1° QUESITO *Le equazioni di Maxwell: mostrare come sia possibile dedurre la legge di Gauss per il campo elettrico dalla legge di Ampère-Maxwell.*

Svolgimento: pag. 97

2° QUESITO *Il rifasamento: significato, modalità e benefici del rifasamento dei carichi nelle reti monofase.*

Svolgimento: pag. 98

Cognome		**Matricola**		**ID # : 008**
Nome		**Data**		**BENR - PED**

1° ESERCIZIO *Calcolare l'induttanza per unità di lunghezza della linea bifilare in figura.*

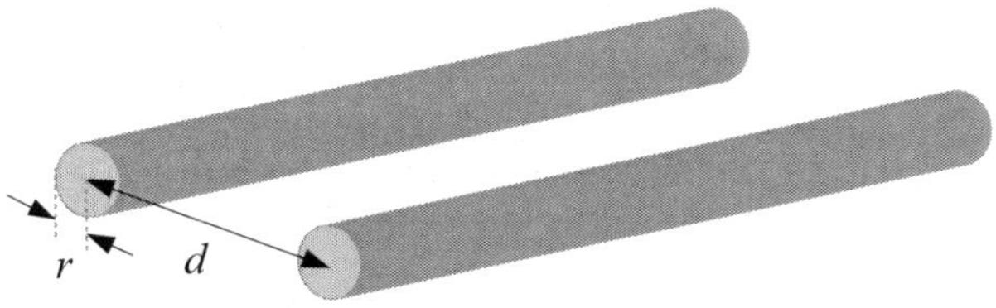

Dati **:**
$r = 2.5$ mm
$d = 30$ cm

Svolgimento: pag. 100

2° ESERCIZIO *Risolvere la rete in figura e verificare il teorema di Tellegen.*

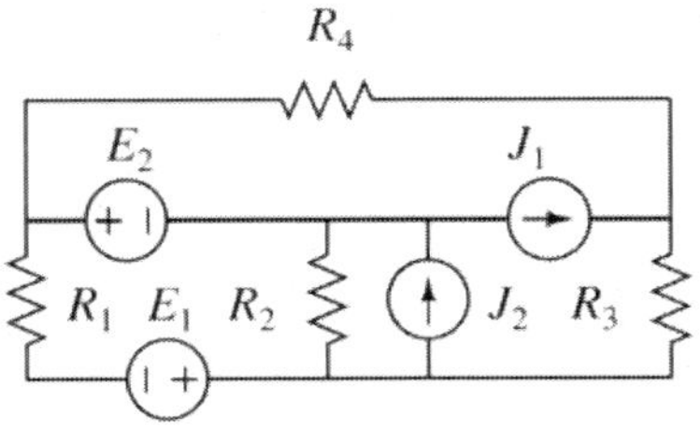

Dati **:**
$E_1 = 15$ V
$E_2 = 10$ V
$J_1 = 1$ A
$J_2 = 0.5$ A
$R_1 = R_2 = R_3 = R_4 = 5\ \Omega$

Svolgimento: pag. 101

Cognome		Matricola		ID # : 009
Nome		Data		BENR - PQA

1° QUESITO *Determinare l'espressione dell'energia magnetica immagazzinata nel cavo coassiale in figura. Si supponga che il materiale isolante abbia un comportamento magnetico lineare, e quindi una permeabilità magnetica costante.*

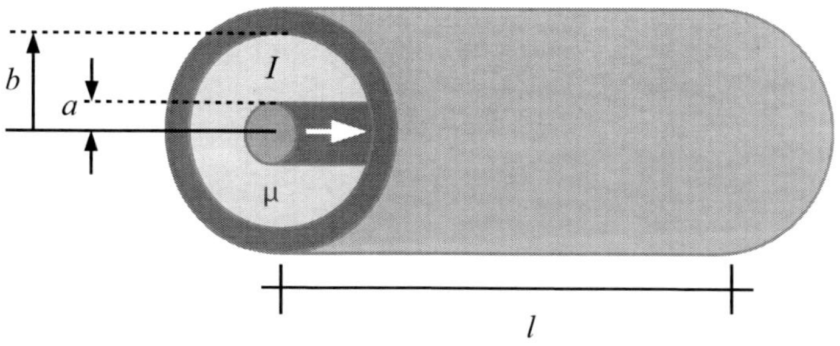

Svolgimento: pag. 103

2° QUESITO *I metodi di analisi delle reti elettriche: con riferimento ad una generica rete discutere l'applicazione del metodo generale di analisi.*

Svolgimento: pag. 104

Cognome		Matricola		ID # : 009
Nome		Data		BENR - PEA

1° ESERCIZIO *Con riferimento al circuito magnetico in figura, ed assumendo che la permeabilità del materiale ferromagnetico sia* $\mu \gg \mu_0$ *, determinare la tensione* $u_2(t)$ *ai morsetti del secondo avvolgimento quando il primo è attraversato della corrente* $i_1(t)$.

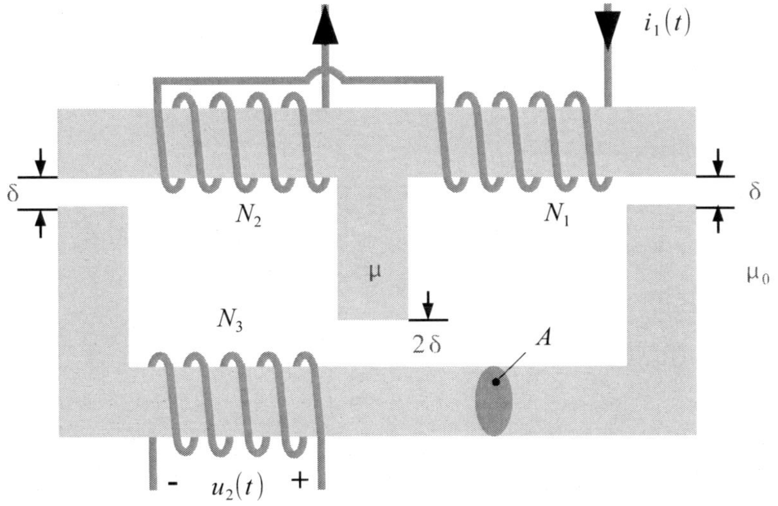

***Dati*:** $i_1(t) = \sqrt{2}\, 5 \,\text{sen}\left(314\,t + \frac{\pi}{4}\right)$ A $\qquad \delta = 5$ mm $\qquad A = 400$ cm^2

$N_1 = 300 \qquad N_2 = 500 \qquad N_3 = 1000$

Svolgimento: pag. 105

2° ESERCIZIO *Determinare le componenti di sequenza diretta, inversa ed omopolare della rete di trasmissione trifase a simmetria totale avente:*

$\dot{Z}_{hh} = 1.317 + j7.155\ \Omega \qquad \dot{Z}_{hk} = \dot{Z}_{kh} = j\,3.114\ \Omega$ (con h, k = 1, 2 e 3).

Svolgimento: pag. 106

Cognome		**Matricola**									**ID # : 010**
Nome		**Data**									**BENR - PQB**

1° QUESITO

Le equazioni di Maxwell: mostrare come sia possibile passare dalle formulazioni differenziali delle due leggi di Gauss (i.e., la legge di Gauss per il campo elettrico e la legge di Gauss per il campo magnetico) a quelle integrali.

Svolgimento: pag. 107

2° QUESITO

Rappresentazione dei sistemi trifase con le componenti simmetriche: la matrice di Fortescue e la sua inversa nelle trasformazioni dalle componenti di fase a quelle di sequenza e viceversa.

Svolgimento: pag. 108

Cognome		**Matricola**		**ID # : 010**
Nome		**Data**		**BENR - PEB**

1° ESERCIZIO *Una spira rettangolare, realizzata mediante un conduttore di rame di sezione A, si muove con velocità $\mathbf{v}$ all'interno di un campo magnetico stazionario prodotto dalla corrente continua I_1 che scorre in un filo rettilineo indefinito. Determinare la corrente I_2 indotta nella spira in funzione della generica posizione y_0 che quest'ultima assume rispetto al fissato sistema di riferimento cartesiano ortogonale in figura.*

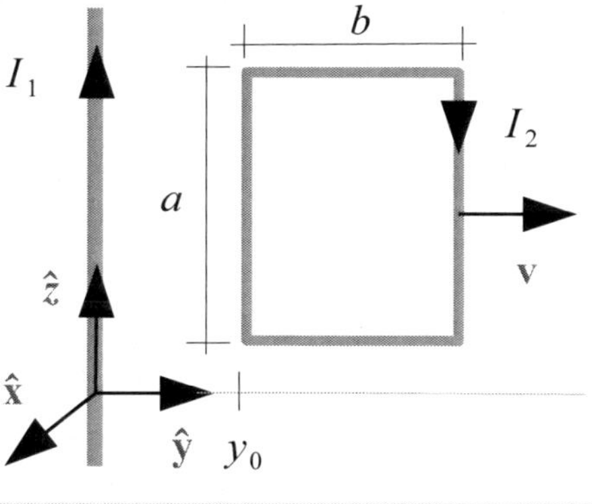

***Dati*:**
$a = 20$ cm
$b = 10$ cm
$A = 5.07\ 10^{-4}$ mm^2
$\rho_{Cu} = 1.69\ 10^{-8}$ Ωm
$I_1 = 10$ A
$\mathbf{v} = 5\hat{\mathbf{y}}$ m s^{-1}

Svolgimento: pag. 109

2° ESERCIZIO *Risolvere la rete in figura applicando il metodo dei nodi.*

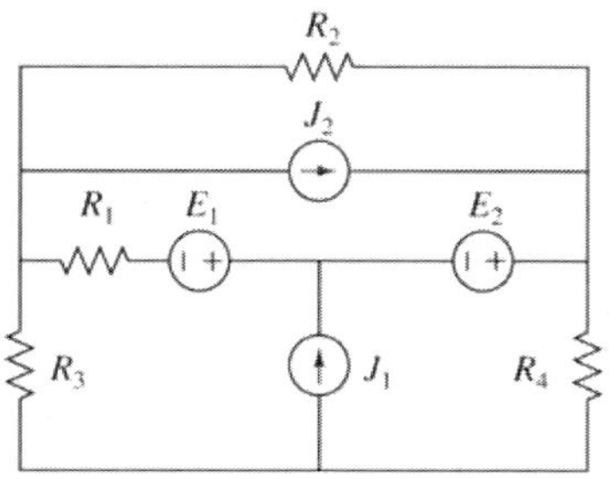

***Dati* :**
$E_1 = 24$ V
$E_2 = 12$ V
$J_1 = 1$ A
$J_2 = 2$ A
$R_1 = R_2 = R_3 = R_4 = 10\ \Omega$

Svolgimento: pag. 109

Cognome		**Matricola**									**ID # : 011**
Nome		**Data**									**BENR - PQC**

1° QUESITO *Campi magnetostatici: definizione e calcolo dei coefficienti di auto e mutua induzione.*

Svolgimento: pag. 112

2° QUESITO *Il metodo simbolico: la rappresentazione fasoriale delle grandezze sinusoidali applicata all'analisi delle reti elettriche.*

Svolgimento: pag. 114

Cognome		**Matricola**		**ID # : 011**
Nome		**Data**		**BENR - PEC**

1° ESERCIZIO *Il dielettrico di un condensatore a facce piane (che hanno superficie $A = 2\ cm^2$ e distanti $d = 0.5\ cm$) ha una permittività relativa $\varepsilon_r = 4$ ed una conducibilità $\sigma = 2.5\ S/m$. Il condensatore è alimentato da una sorgente tempo variante che impone fra le armature la tensione $u(t) = 10 \cos(3\pi\, 10^3 t)\ V$. Determinare la corrente di conduzione, $i_c(t)$, e quella di spostamento, $i_d(t)$, che interessano il dielettrico, e dare del componente "condensatore reale" una rappresentazione circuitale equivalente.*

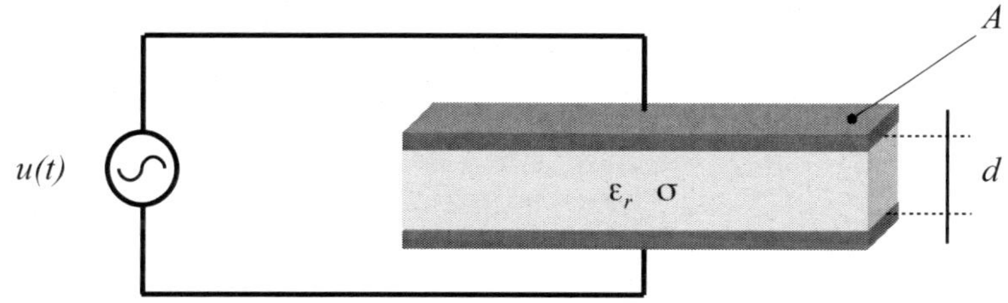

Svolgimento: pag. 115

2° ESERCIZIO *Con riferimento alla rete in figura, determinare il valore da assegnare alla forza elettromotrice del generatore ideale di tensione E_x in modo tale che, sostituito al bipolo resistivo R_4, annulli la corrente nel lato.*

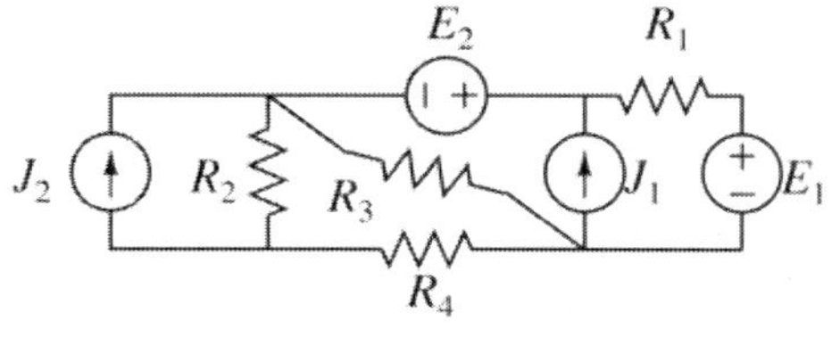

Dati **:**

$E_1 = 10\ V$

$E_2 = 20\ V$

$J_1 = 0.5\ A$

$J_2 = 1.5\ A$

$R_1 = R_2 = R_3 = R_4 = 15\ \Omega$

Svolgimento: pag. 115

Cognome		Matricola								ID # : 012
Nome		Data								BENR - PQD

1° QUESITO *I campi rapidamente variabili: ricavare l'equazione delle onde elettromagnetiche e discuterne il significato.*

Svolgimento: pag. 118

2° QUESITO *Dai campi ai circuiti: il condensatore e la sua relazione costitutiva.*

Svolgimento: pag. 119

Cognome		**Matricola**		**ID # : 012**
Nome		**Data**		**BENR - PED**

1° ESERCIZIO *Un circuito magnetico viene eccitato da un bobina avente $N = 120$ spire e percorsa dalla corrente $I = 32.5$ A. Nel circuito magnetico di sezione $A = 85000$ mm^2 si stabilisce un flusso $\Phi = 0.35$ Wb. Determinare la f.m.m. impressa, la riluttanza del circuito magnetico e l'induzione magnetica che lo eccita.*

Svolgimento: pag. 121

2° ESERCIZIO *Assegnata la rete trifase in figura, determinare le correnti di linea, il f.d.p. visto dal generatore trifase (i.e. ai morsetti 123) e le tensioni di alimentazione delle impedenze di carico (i.e. ai morsetti 1'2'3').*

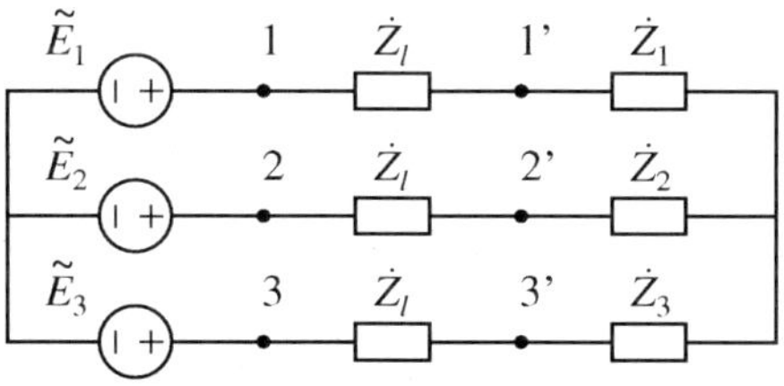

***Dati*:**

$\tilde{E}_1 = j230$ V	Sist.simm. diretto	$\dot{Z}_l = 0.55 + j0.9\,\Omega$
$\dot{Z}_1 = 4.7 + j4.838\,\Omega$	$\dot{Z}_2 = 4.7 + j4.838\,\Omega$	$\dot{Z}_3 = 3.5 + j3.635\,\Omega$

Svolgimento: pag. 121

Cognome		Matricola		ID # : 013
Nome		Data		BENR - PQA

1° QUESITO

Determinare l'espressione della resistenza d'isolamento per unità di lunghezza del cavo coassiale in figura. Si supponga che il materiale isolante abbia una conducibilità finita σ .

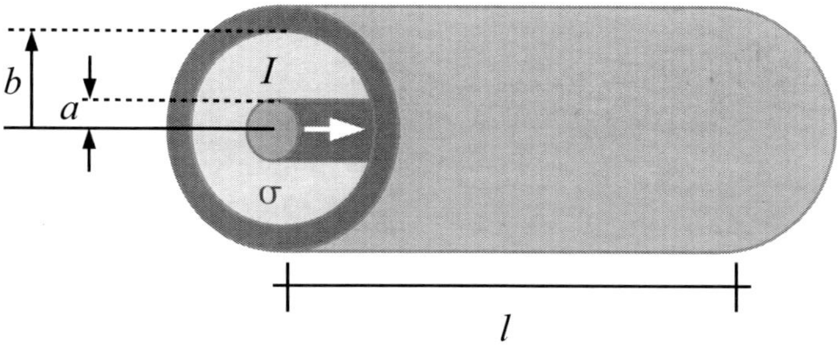

Svolgimento: pag. 123

2° QUESITO

I metodi di analisi delle reti elettriche: con riferimento ad una generica rete discutere l'applicazione del metodo dei potenziali nodali (o metodo dei nodi).

Svolgimento: pag. 123

Cognome		**Matricola**									**ID # : 013**
Nome		**Data**									**BENR - PEA**

1° ESERCIZIO *Una carica elettrica puntiforme $q = 3\ \mu C$ è collocata nel punto Q di coordinate (1,1,1) rispetto ad un sistema di riferimento cartesiano ortogonale Oxyz il cui piano xy coincide con il piano di separazione fra aria e terreno (quest'ultimo avente per ipotesi resistività $\rho = 0$). Determinare, nel punto P di coordinate (5,7,3), il potenziale V ed il campo elettrico* **E** *generati dalla carica q.*

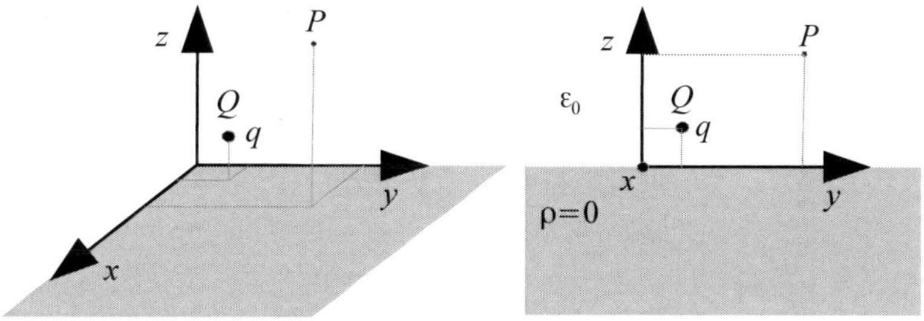

Svolgimento: pag. 125

2° ESERCIZIO *Un induttore ed un condensatore, collegati in parallelo, sono alimentati a 220 V – 50 Hz. Sapendo che la rete di alimentazione eroga una corrente di 8,6 A e che l'induttore assorbe una corrente di 12.5 A, calcolare i valori dell'induttanza e della capacità dei due bipoli. Determinare altresì il valore della frequenza in corrispondenza della quale si annulla la corrente erogata dalla rete di alimentazione.*

Svolgimento: pag. 125

Cognome		Matricola		ID # : 014
Nome		Data		BENR - PQB

1° QUESITO *I campi rapidamente variabili: il campo di conduzione in presenza dell'effetto pelle.*

Svolgimento: pag. 127

2° QUESITO *Le trasformazioni delle reti passive: ricavare l'espressione dell'induttanza di un induttore equivalente a due o più induttori di assegnate induttanze ed interconnessi in parallelo.*

Svolgimento: pag. 129

Cognome		Matricola		ID # : 014
Nome		Data		BENR - PEB

1° ESERCIZIO *Tra due conduttori rettilinei posti alla distanza d agisce la forza repulsiva* **F**. *Se i conduttori hanno lunghezza l ed uno di essi è percorso dalla corrente I_1, determinare l'intensità ed il verso della corrente I_2 che deve scorrere nell'altro conduttore.*

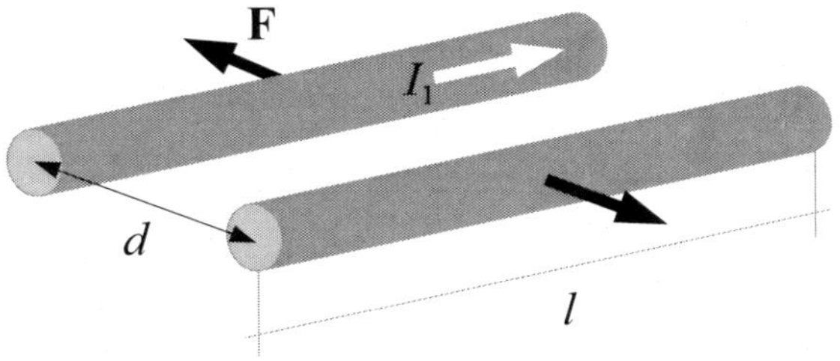

Dati **:**
$d = 3.3$ cm
$l = 2.25$ m
$I_1 = 52.5$ A
$\mathbf{F} = 0.112\ 10^{-3}$ N

Svolgimento: pag. 130

2° ESERCIZIO *Risolvere la rete in figura e verificare il teorema di Boucherot.*

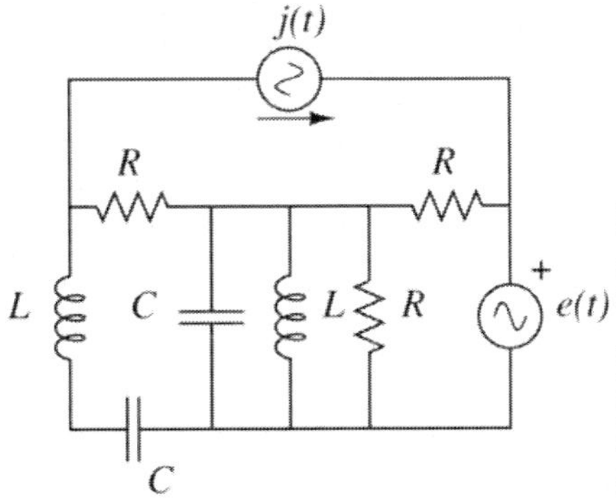

Dati **:**
$e(t) = \sqrt{2}\ 125$ sen $(314\ t + \pi/4)$ V
$j(t) = \sqrt{2}\ 2 \cos(314\ t + \pi/6)$ A
$R = 50\ \Omega$
$L = 300$ mH
$C = 0.200$ mF

Svolgimento: pag. 130

Cognome		Matricola								ID # : 015
Nome		Data								BENR - PQC

1° QUESITO *Le equazioni di Maxwell: enunciare e discutere la legge di Ampère-Maxwell nella formulazione differenziale ed in quella integrale.*

Svolgimento: pag. 133

2° QUESITO *Le trasformazioni delle reti attive: enunciare e discutere il teorema di Norton.*

Svolgimento: pag. 133

Cognome		**Matricola**		**ID # : 015**
Nome		**Data**		**BENR - PEC**

1° ESERCIZIO *Determinare la resistenza chilometrica di un cavo unipolare rigido in rame, isolato con polietilene reticolato sotto guaina di PVC ($\rho_{Cu} = 0.0171\ \Omega\, mm^2\, m^{-1}$, $\oslash = 5.642\ mm$, $\alpha = 3.9\ 10^{-3}\ °C^{-1}$) ed operante alla temperatura di* 70 °C.

Svolgimento: pag. 134

2° ESERCIZIO *Assegnata la rete in figura, determinare la tensione u(t) ai morsetti terminali e verificare il bilancio delle potenze attive.*

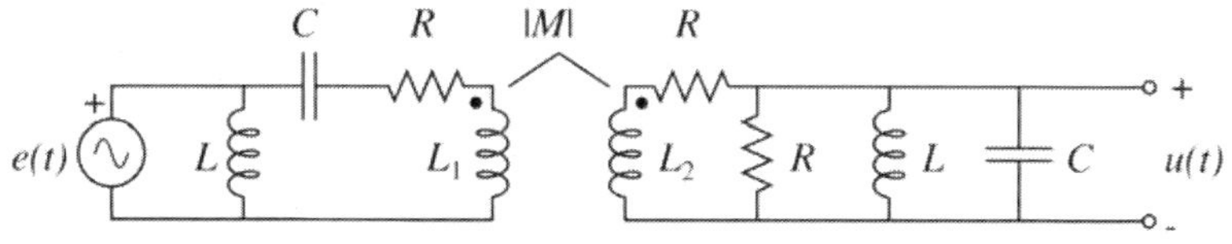

***Dati* :**

$e(t) = \sqrt{2}\ 125$ sen $(2199.1149\ t + \pi/4)$ V

$R = 10\ \Omega$	$L_1 = 50$ mH
$L = 50$ mH	$L_2 = 10$ mH
$C = 0.1$ mF	$k = 0.8$

Svolgimento: pag. 134

Cognome		Matricola		ID # : 016
Nome		Data		BENR - PQD

1° QUESITO *Campi elettrostatici: determinare l'espressione delle capacità parziali per unità di lunghezza di una linea bifilare in presenza del terreno.*

Svolgimento: pag. 137

2° QUESITO *La potenza nelle reti in regime sinusoidale: illustrare e discutere l'inserzione Aron nei sistemi trifase.*

Svolgimento: pag. 139

Cognome		Matricola		ID # : 016
Nome		Data		BENR - PED

1° ESERCIZIO *Determinare la f.e.m. indotta ai morsetti terminali di una bobina quadrata di lato l = 250 mm, avente N =100 spire e disposta nello spazio come indicato in figura, quando si concatena con un campo di induzione magnetica* $\boldsymbol{B} = 10\cos(x)\,\mathrm{sen}(2y)\cos(10^3 t)\,\hat{\mathbf{z}}\ \mathrm{T}$.

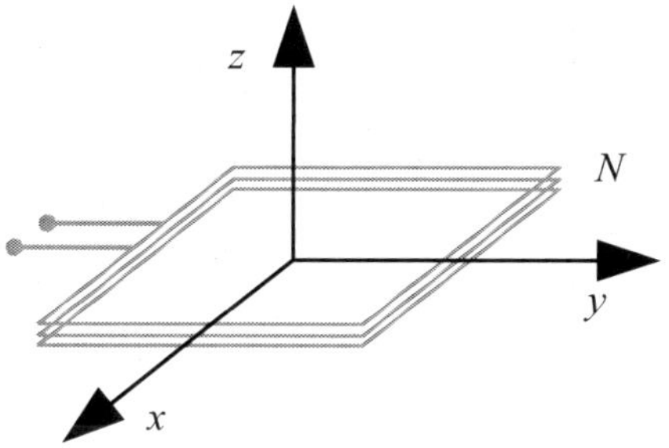

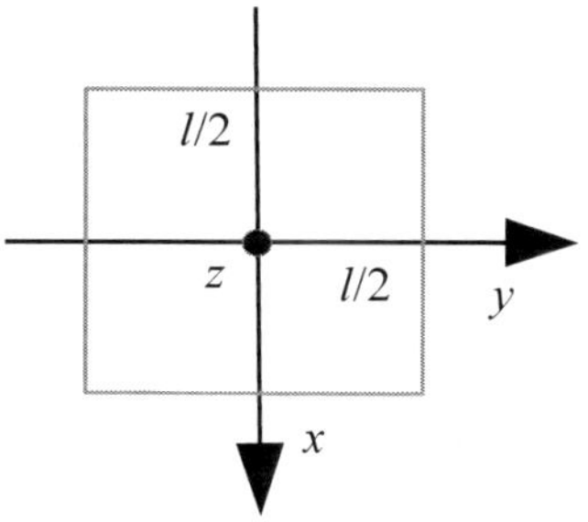

Svolgimento: pag. 140

2° ESERCIZIO *Risolvere la rete in figura e verificare il teorema di Tellegen.*

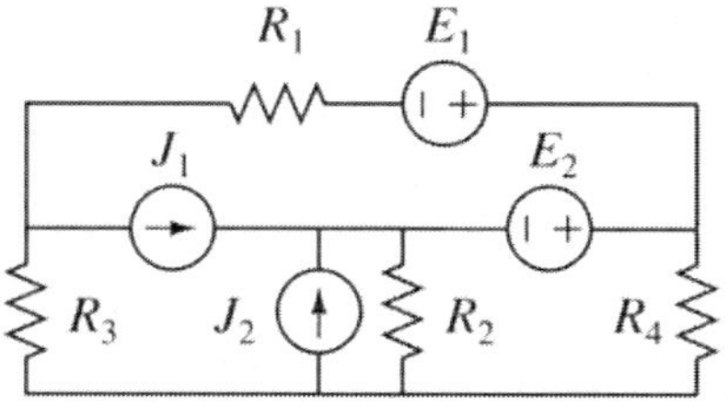

Dati **:**
$E_1 = 48$ V
$E_2 = 24$ V
$J_1 = 2$ A
$J_2 = 1$ A
$R_1 = R_2 = R_3 = R_4 = 50\ \Omega$

Svolgimento: pag. 141

Cognome		**Matricola**								**ID # : 017**
Nome		**Data**								**BENR - PQA**

1° QUESITO *I campi lentamente variabili: definizione e proprietà dei campi quasi-elettrostatici.*

Svolgimento: pag. 144

2° QUESITO *I metodi di analisi delle reti elettriche: con riferimento ad una generica rete discutere l'applicazione del metodo delle correnti cicliche di maglia (o metodo delle maglie).*

Svolgimento: pag. 144

Cognome		**Matricola**		**ID # : 017**
Nome		**Data**		**BENR - PEA**

1° ESERCIZIO *Con riferimento al circuito magnetico in figura, ed assumendo che la permeabilità del materiale ferromagnetico sia* $\mu \gg \mu_0$, *determinare la corrente, I, con cui bisogna alimentare l'avvolgimento per ottenere, nella colonna centrale, un flusso pari ad 1 Wb.*

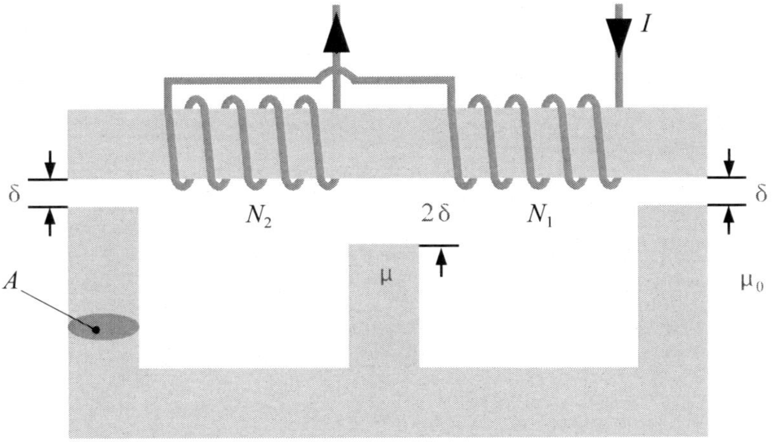

***Dati*:** $N_1 = 500$ $N_2 = 250$ $A = 500\ \text{cm}^2$ $\delta = 5\ \text{mm}$

Svolgimento: pag. 146

2° ESERCIZIO *Un generatore trifase (i.e., un alternatore trifase) è collegato ad una rete passiva trifase che, alla tensione di 10 kV, assorbe una corrente di 20 A con un f.d.p. di 0.9 in ritardo. Determinare la potenza attiva, reattiva ed apparente erogate dal generatore.*

Svolgimento: pag. 147

Cognome		Matricola		ID # : 018
Nome		Data		BENR - PQB

1° QUESITO *Il campo magnetostatico: introduzione ed applicazioni del potenziale vettore nella descrizione e soluzione dei problemi magnetostatici.*

Svolgimento: pag. 148

2° QUESITO *Le trasformazioni delle reti attive: enunciare e discutere il teorema di Thévenin.*

Svolgimento: pag. 150

Cognome		**Matricola**		**ID # : 018**
Nome		**Data**		**BENR - PEB**

1° ESERCIZIO *Un condensatore piano in carta impregnata (avente una rigidità dielettrica di 630 kV/cm ed una permittività relativa pari a 4) deve avere, alla tensione nominale di 260 V, una capacità di 23 nF. Assumendo un coefficiente di sicurezza pari a 5, determinare lo spessore della carta e la superficie delle armature.*

Svolgimento: pag. 151

2° ESERCIZIO *Risolvere la rete in figura applicando il metodo delle maglie e determinare la corrente i(t).*

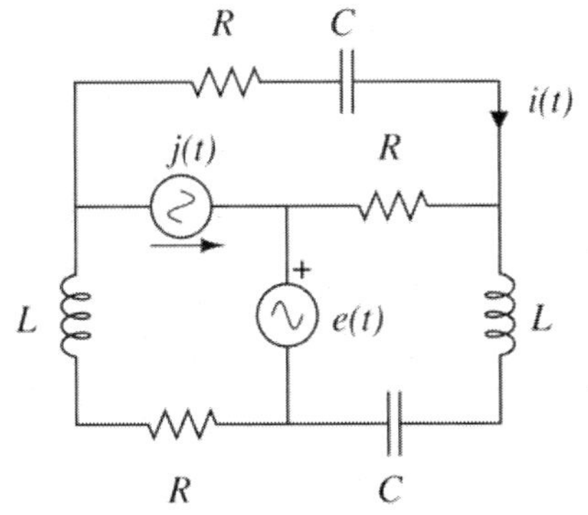

Dati **:**

$e(t) = \sqrt{2}\ 230\ \text{sen}\ (314\ t + \pi/6)$ V

$j(t) = \sqrt{2}\ 1\ \cos\ (314\ t + \pi/3)$ A

$R = 10\ \Omega$

$L = 100$ mH

$C = 0.100$ mF

Svolgimento: pag. 151

Cognome		Matricola		ID # : 019
Nome		Data		BENR - PQC

1° QUESITO *L'interazione elettromagnetica: il campo elettrico nei mezzi materiali.*

Svolgimento: pag. 154

2° QUESITO *Rappresentazione dei sistemi trifase con le componenti simmetriche: l'applicazione dei circuiti di sequenza al calcolo delle correnti di cortocircuito.*

Svolgimento: pag. 155

Cognome		Matricola		ID # : 019
Nome		Data		BENR - PEC

1° ESERCIZIO *Con riferimento al circuito magnetico in figura, ed assumendo che la permeabilità del materiale ferromagnetico sia $\mu \gg \mu_0$, determinare la f.e.m., e(t), indotta nell'avvolgimento avente N_2 spire quando l'avvolgimento di N_1 spire è percorso dalla corrente i(t).*

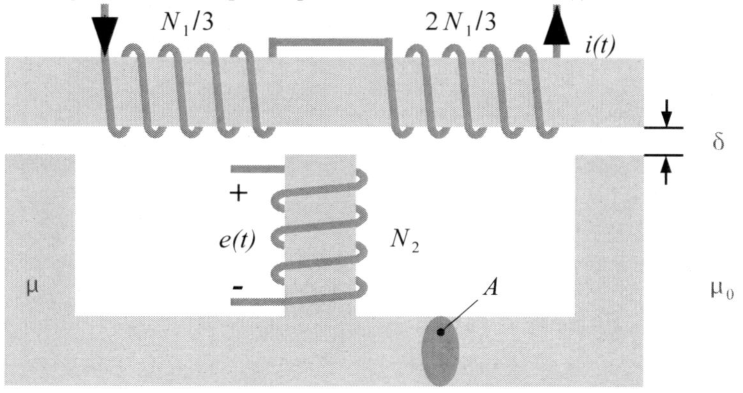

Dati: $N_1 = 900$ $\quad N_2 = 500$ $\quad A = 500\ \text{cm}^2$

$\delta = 5\ \text{mm}$ $\quad i(t) = \sqrt{2}\,10\,\text{sen}(314t + \pi/4)\ \text{A}$

Svolgimento: pag. 158

2° ESERCIZIO *Assegnato il circuito in figura determinare l'incremento della potenza assorbita dal bipolo R_4 quando la sua resistenza passa dal valore assegnato a quello di adattamento (i.e. $R_4 = R_{ad}$).*

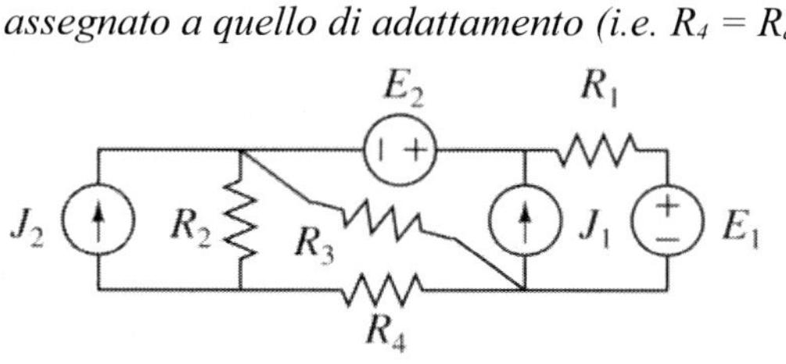

Dati :

$E_1 = E_2 = 20\ \text{V}$

$J_1 = J_2 = 1\ \text{A}$

$R_1 = R_2 = R_3 = 10\ \Omega$

$R_4 = 5\ \Omega$

Svolgimento: pag. 159

Cognome		Matricola		ID # : 020
Nome		Data		BENR - PQD

1° QUESITO *Determinare l'espressione dell'induttanza per unità di lunghezza della linea bifilare in figura.*

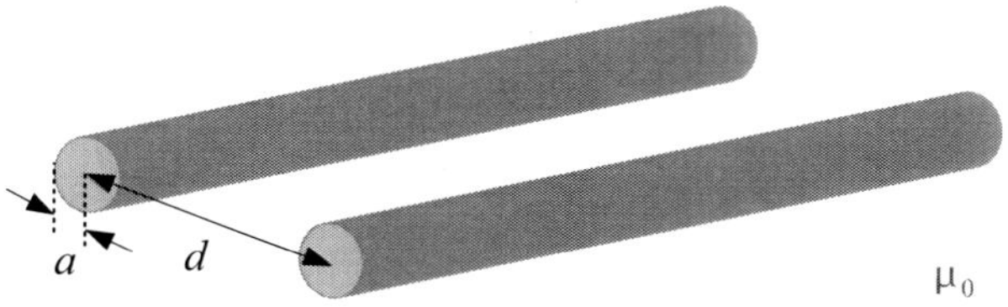

Svolgimento: pag. 161

2° QUESITO *Le trasformazioni delle reti passive: la trasformazione stella-triangolo di bipoli resistivi.*

Svolgimento: pag. 161

Cognome		Matricola		ID # : 020
Nome		Data		BENR - PED

1° ESERCIZIO *In un mezzo dielettrico, avente permittività relativa ε_r, agisce un campo elettrico* **E**. *Calcolare l'energia elettrostatica immagazzinata nella regione di spazio evidenziata in figura.*

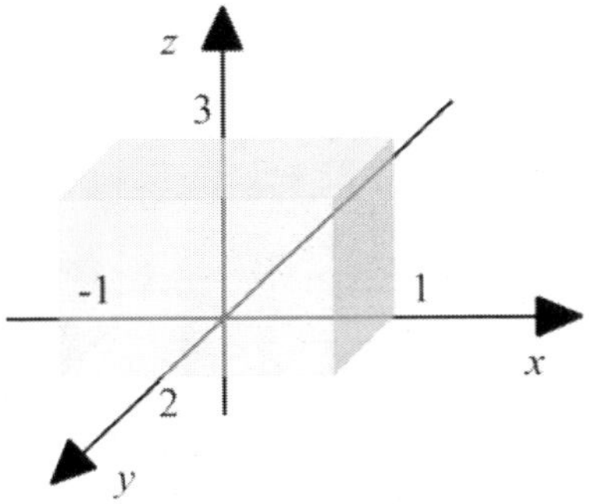

***Dati*:**

$\varepsilon_r = 4$

$\mathbf{E} = (x^2 + 2z)\hat{\mathbf{x}} + x^2\hat{\mathbf{y}} - (y+z)\hat{\mathbf{z}}$

Volume: $-1\,m \leqslant x \leqslant +1\,m$

$0\,m \leqslant y \leqslant +2\,m$

$0\,m \leqslant z \leqslant +3\,m$

Svolgimento: pag. 162

2° ESERCIZIO *Assegnata la rete trifase in figura, si chiede di determinare il valore della capacità da assegnare ai condensatori del banco di rifasamento per innalzare il f.d.p. del carico a 0.92, e di calcolare le perdite nella linea prima e dopo il rifasamento.*

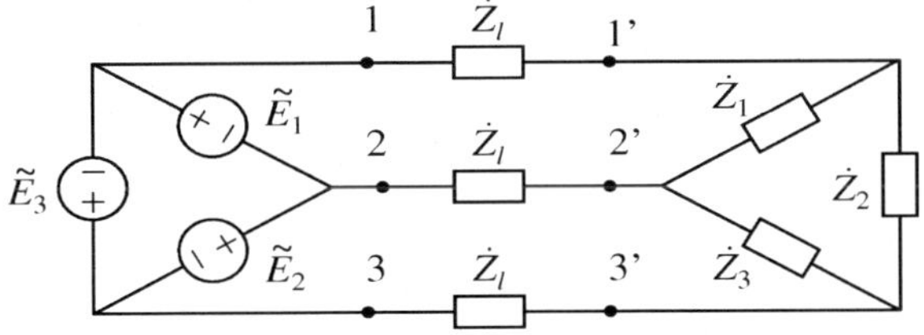

***Dati*:** $\tilde{E}_1 = j\,400\,\mathrm{V}\,(s.s.d.)$ $\dot{Z}_l = 0.55 + j\,0.9\,\Omega$ $\dot{Z}_1 = \dot{Z}_2 = \dot{Z}_3 = 5 + j\,4\,\Omega$

Svolgimento: pag. 163

Cognome		Matricola								ID # : 021
Nome		Data								BENR - PQA

1° QUESITO *Determinare l'espressione della capacità per unità di lunghezza del cavo coassiale in figura. Si supponga che il materiale isolante abbia una permittività dielettrica relativa* ε_r .

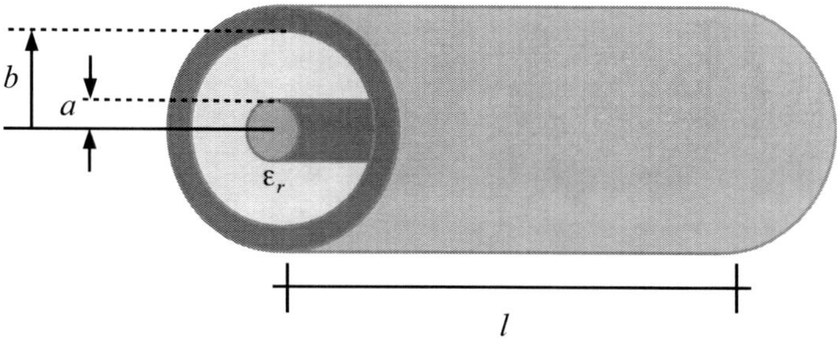

Svolgimento: pag. 166

2° QUESITO *La potenza nelle reti in regime sinusoidale: dalla potenza istantanea alla definizione della potenza attiva.*

Svolgimento: pag. 166

Cognome		Matricola	ID # : 021
Nome		Data	BENR - PEA

1° ESERCIZIO *Una bobina circolare avente N spire è situata in prossimità ad un conduttore rettilineo indefinito, disposto lungo l'asse x, e percorso dalla corrente I orienta come in figura. Determinare l'intensità ed il verso della corrente che deve percorrere la bobina per annullare il campo magnetico in corrispondenza del suo baricentro (i.e., del punto, O).*

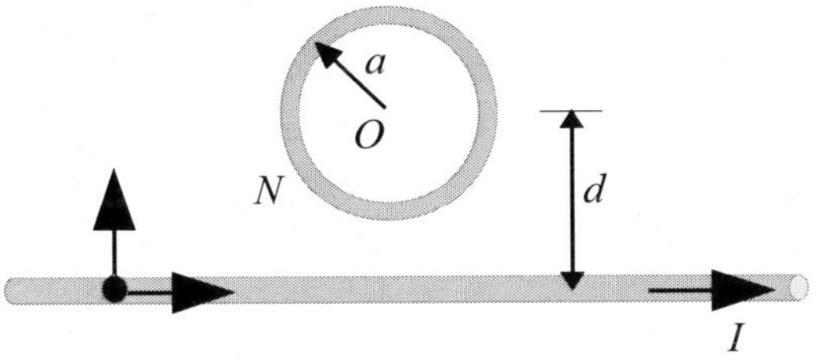

Dati **:**
$a = 1$ m
$d = 2$ m
$N = 10$
$I = 50$ A

Svolgimento: pag. 167

2° ESERCIZIO *Assegnato il circuito in figura, determinare la frequenza , f_0, in corrispondenza della quale il rapporto fra tensione in uscita, $\tilde{U}_u$, e quella in ingresso, $\tilde{U}_i$, è unitario, il valore del fattore di merito, Q_s, e l'andamento del modulo della funzione di trasferimento, $|H(f)| = |\tilde{U}_u / \tilde{U}_i|$, in funzione della frequenza di alimentazione.*

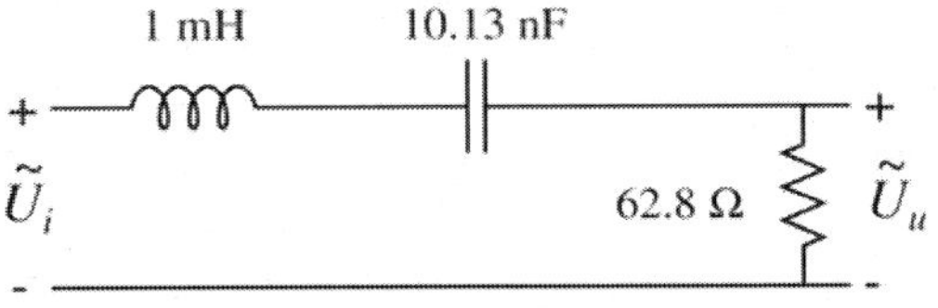

Svolgimento: pag. 167

Cognome		Matricola								ID # : 022
Nome		Data								BENR - PQB

1° QUESITO *L'interazione elettromagnetica: definizione e proprietà del campo magnetico.*

Svolgimento: pag. 169

2° QUESITO *I metodi di analisi delle reti elettriche: con riferimento ad una generica rete discutere l'applicazione del principio di sovrapposizione degli effetti.*

Svolgimento: pag. 170

Cognome		Matricola		ID # : 022
Nome		Data		BENR - PEB

1° ESERCIZIO *Il conduttore cilindrico in figura ruota, intorno al proprio asse, alla velocità di n giri al minuto. Sapendo che è immerso in un campo di induzione magnetica radiale* **B**, *calcolare la tensione che si manifesta fra i due contatti striscianti poggiati alle sue estremità.*

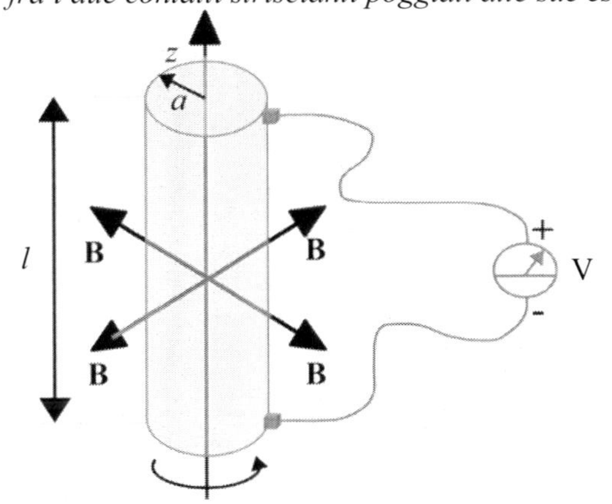

***Dati*:**
$a = 5$ cm
$l = 10$ cm
$n = 1200$ rpm
$\mathbf{B} = 6\hat{\mathbf{r}}$ mT

Svolgimento: pag. 171

2° ESERCIZIO *Assegnata la rete in figura, determinare la potenza apparente complessa erogata dal generatore e la tensione u(t) ai morsetti terminali.*

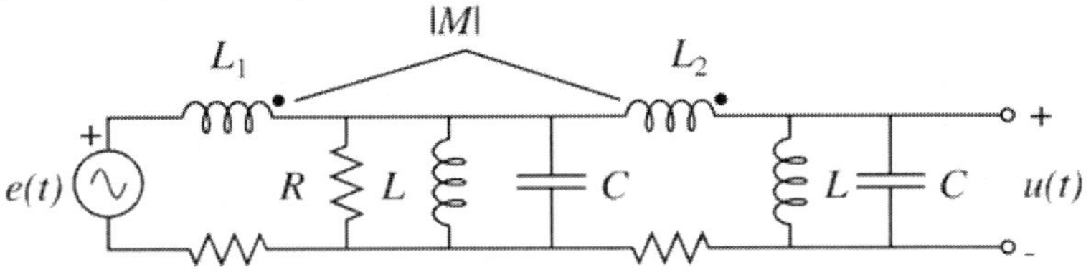

***Dati* :** $e(t) = 325$ sen $(\omega\, t)$ V $R = 10\ \Omega$ $L = 500$ mH $C = 0.5$ mF
$\omega = 1319.4689$ rad s^{-1} $L_1 = 500$ mH $L_2 = 100$ mH $k = 0.8$

Svolgimento: pag. 172

Cognome		Matricola		ID # : 023
Nome		Data		BENR - PQC

1° QUESITO

Assumendo che la permeabilità del materiale ferromagnetico sia $\mu \gg \mu_0$, determinare i coefficienti di auto e mutua induzione dei tre avvolgimenti in figura.

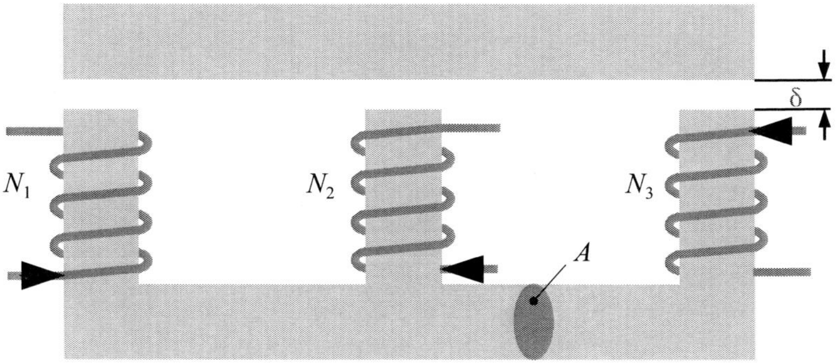

Svolgimento: pag. 174

2° QUESITO

Le trasformazioni delle reti passive: determinare l'espressione della capacità di un condensatore equivalente a due o più condensatori di assegnate capacità ed interconnessi in parallelo.

Svolgimento: pag. 177

Cognome		**Matricola**		**ID # : 023**
Nome		**Data**		**BENR - PEC**

1° ESERCIZIO *Calcolare la corrente di spostamento nel tronco di cavo coassiale in figura quando, fra l'anima interna e l'armatura esterna, è applicata la tensione u(t).*

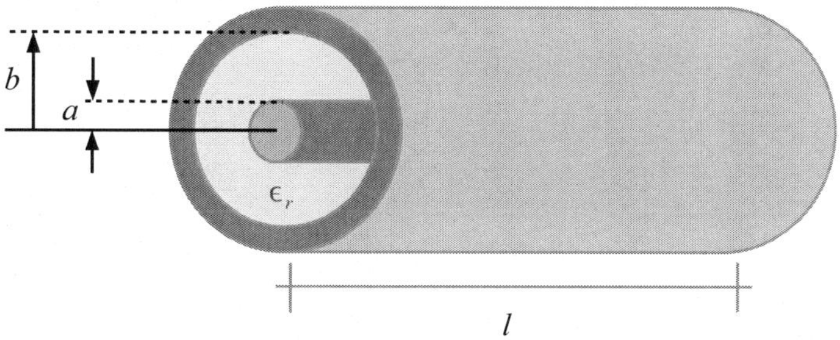

***Dati*:** $a = 0.5$ cm $b = 1$ cm $l = 6$ cm $\epsilon_r = 9$ $u(t) = 100\,\text{sen}(120\pi t)$ V

Svolgimento: pag. 177

2° ESERCIZIO *Determinare il valore da assegnare al generatore ideale di tensione $e_x(t)$ in modo tale che sostituito al generatore ideale di corrente $j(t)$ mantenga inalterata la risposta della rete in figura.*

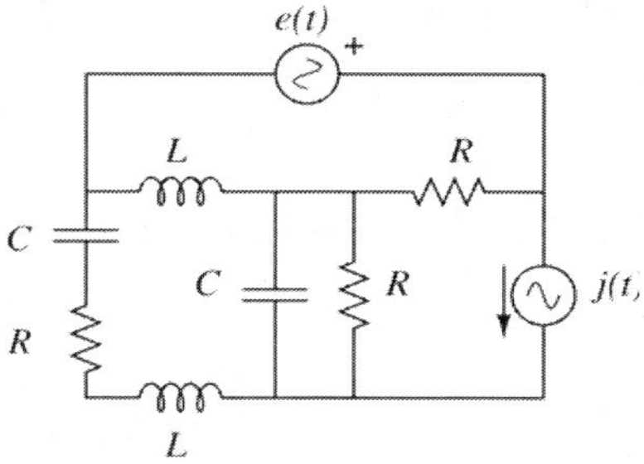

***Dati* :**
$e(t) = \sqrt{2}\ 230$ sen $(314\,t - \pi/2)$ V
$j(t) = \sqrt{2}\ 1$ cos $(314\,t + \pi/6)$ A
$R = 20\ \Omega$
$L = 500$ mH
$C = 0.100$ mF

Svolgimento: pag. 178

Cognome		Matricola		ID # : 024
Nome		Data		BENR - PQD

1° QUESITO *Campi magnetostatici: la legge di Hopkinson.*

Svolgimento: pag. 181

2° QUESITO *I circuiti risonanti parallelo: definizioni e proprietà.*

Svolgimento: pag. 182

Cognome		**Matricola**		**ID # : 024**
Nome		**Data**		**BENR - PED**

1° ESERCIZIO *Una barretta di metallo lunga 50 cm ruota sul piano xy e con centro nell'origine alla velocità di 180 giri/minuto, come illustrato in figura. Determinare la f.e.m. in essa indotta se il campo di induzione magnetica è pari a* $\boldsymbol{B}=3\cdot10^{-4}\hat{z}\ T$.

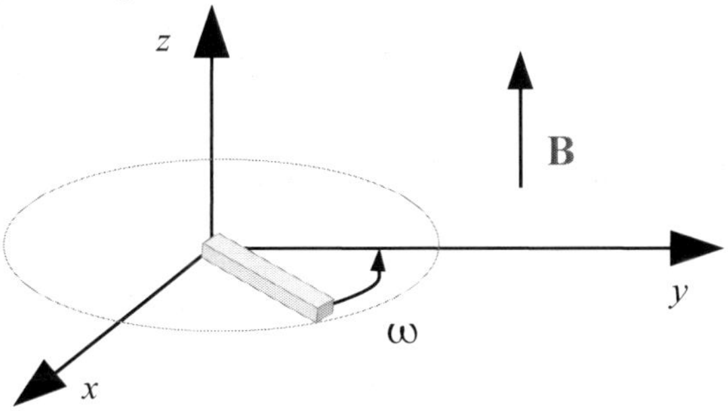

Svolgimento: pag. 184

2° ESERCIZIO *Assegnata la rete trifase in figura, si chiede di determinare lo spostamento del centro stella O'' rispetto ad O', ed il valore della capacità da assegnare ai condensatori del banco di rifasamento per innalzare il f.d.p. complessivo del carico a 0.92.*

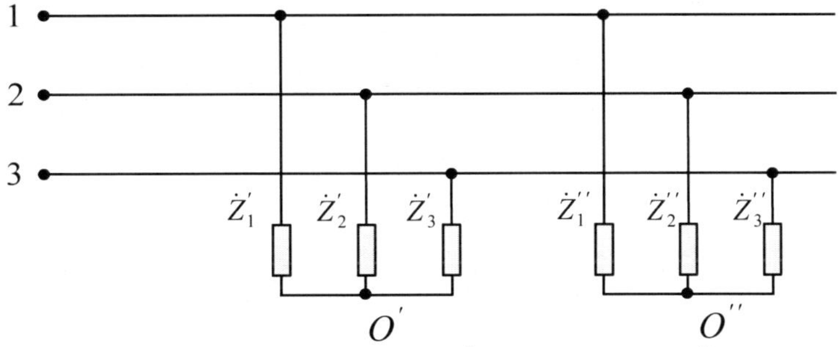

Dati: $U_n=400\,\text{V}\,(s.s.d.)$

$\dot{Z}_1'=1+j2\,\Omega$ $\dot{Z}_1''=1+j3\,\Omega$

$\dot{Z}_2'=1+j2\,\Omega$ $\dot{Z}_2''=5+j5\,\Omega$

$\dot{Z}_3'=1+j2\,\Omega$ $\dot{Z}_3''=2+j4\,\Omega$

Svolgimento: pag. 185

Capitolo 3

Soluzioni proposte

Sono di seguito riportati gli svolgimenti proposti per i quesiti e gli esercizi di esame relativi alle tracce di cui al capitolo precedente.

È opportuno precisare nuovamente che gli svolgimenti riportati in questo testo rappresentano, in genere, solo un possibile metodo risolutivo per le tracce assegnate, e non necessariamente la migliore o addirittura l'unica modalità di svolgimento possibile, fatta salva, ovviamente, l'unicità dell'eventuale soluzione numerica.

Ciò a maggior ragione vale per le soluzioni delle reti elettriche; infatti, quelle che vengono proposte sono solo delle possibili soluzioni e non "le soluzioni" delle reti, fermo restando, ovviamente, che i valori numerici ottenuti devono rimanere gli stessi indipendentemente dalla metodologia applicata per la soluzione.

Si ribadisce altresì che, nel rispetto dei vincoli imposti dalle tracce, sarebbe opportuno, anzi auspicabile, che lo studente esplorasse modalità alternative di soluzione, valutandone criticamente l'efficacia per confronto con lo svolgimento proposto dagli autori.

SOLUZIONI PROPOSTE PER I QUESITI E GLI ESERCIZI DELL'ESAME ID # : 001

1° QUESITO

Il teorema di Poynting descrive il bilancio energetico fondamentale dell'elettromagnetismo, fornendo un'espressione che descrive la conservazione dell'energia nei sistemi elettromagnetici. Si ottiene combinando la *legge di Faraday* e la *legge di Ampére-Maxwell*. Più specificatamente, moltiplicando scalarmente la *legge di Faraday* per il vettore campo magnetico **H**

$$\mathbf{H}\cdot\nabla\times\mathbf{E}=-\mathbf{H}\cdot\frac{\partial\mathbf{B}}{\partial t}$$

e la *legge di Ampére-Maxwell* per il vettore campo elettrico **E**

$$\mathbf{E}\cdot\nabla\times\mathbf{H}=\mathbf{E}\cdot\mathbf{J}+\mathbf{E}\cdot\frac{\partial\mathbf{D}}{\partial t}=(\rho\mathbf{J}-\mathbf{E}_s)\cdot\mathbf{J}+\mathbf{E}\cdot\frac{\partial\mathbf{D}}{\partial t}=\rho J^2-\mathbf{E}_s\cdot\mathbf{J}+\mathbf{E}\cdot\frac{\partial\mathbf{D}}{\partial t}$$

sottraendo quindi membro a membro la 2ª equazione dalla 1ª si ottiene

$$\mathbf{H}\cdot\nabla\times\mathbf{E}-\mathbf{E}\cdot\nabla\times\mathbf{H}=-\mathbf{H}\cdot\frac{\partial\mathbf{B}}{\partial t}-\rho J^2+\mathbf{E}_s\cdot\mathbf{J}-\mathbf{E}\cdot\frac{\partial\mathbf{D}}{\partial t}$$

ricordando infine che

$$\mathbf{H}\cdot\nabla\times\mathbf{E}-\mathbf{E}\cdot\nabla\times\mathbf{H}=\nabla\cdot(\mathbf{E}\times\mathbf{H})$$

l'equazione precedentemente scritta diventa

$$\mathbf{E}_s\cdot\mathbf{J}=\rho J^2+\mathbf{E}\cdot\frac{\partial\mathbf{D}}{\partial t}+\mathbf{H}\cdot\frac{\partial\mathbf{B}}{\partial t}+\nabla\cdot(\mathbf{E}\times\mathbf{H}) \quad .$$

Il vettore $\mathbf{N}(\mathbf{r},t)=\mathbf{E}(\mathbf{r},t)\times\mathbf{H}(\mathbf{r},t)$ omogeneo a [$W\cdot m^{-2}$] è detto *vettore di Poynting*.

Integrando ora l'equazione a cui si è pervenuti nel volume finito *V*, delimitato dalla superficie chiusa *S*, e ricordando che

$$\oiiint_V \nabla\cdot\mathbf{N}\,dv=\oiint_S \mathbf{N}\cdot\hat{\mathbf{n}}\,ds \qquad \textit{(teorema della divergenza)}$$

si ottiene l'*equazione di Poynting*

$$\oiiint_V \mathbf{E}_s \cdot \mathbf{J}\, dv = \oiiint_V \rho J^2 dv + \oiiint_V \left(\mathbf{E} \cdot \frac{\partial \mathbf{D}}{\partial t} + \mathbf{H} \cdot \frac{\partial \mathbf{B}}{\partial t} \right) dv + \oiint_S \nabla \cdot \mathbf{N} \cdot \hat{\mathbf{n}}\, ds$$

la cui interpretazione fisica (*teorema di Poynting*) descrive il bilancio energetico fondamentale dell'elettromagnetismo

$$\overbrace{\oiiint_V \mathbf{E}_s \cdot \mathbf{J}\, dv}^{Potenza\ generata} = \overbrace{\oiiint_V \rho J^2 dv}^{Potenza\ dissipata} + \overbrace{\oiiint_V \left(\mathbf{E} \cdot \frac{\partial \mathbf{D}}{\partial t} + \mathbf{H} \cdot \frac{\partial \mathbf{B}}{\partial t} \right) dv}^{Potenza\ immagazzinata\ nel\ campo\ e.m.} + \overbrace{\oiint_S \nabla \cdot \mathbf{N} \cdot \hat{\mathbf{n}}\, ds}^{Potenza\ radiata}$$

$$P_{generata}(t) = P_{dissipata}(t) + P_{immagazzinata}(t) + P_{radiata}(t)$$

2° QUESITO Si considerino n condensatori collegati in serie. L'espressione della capacità equivalente, C_s, si ottiene imponendo la condizione di equivalenza elettrica ai morsetti dei due bipoli, e cioè

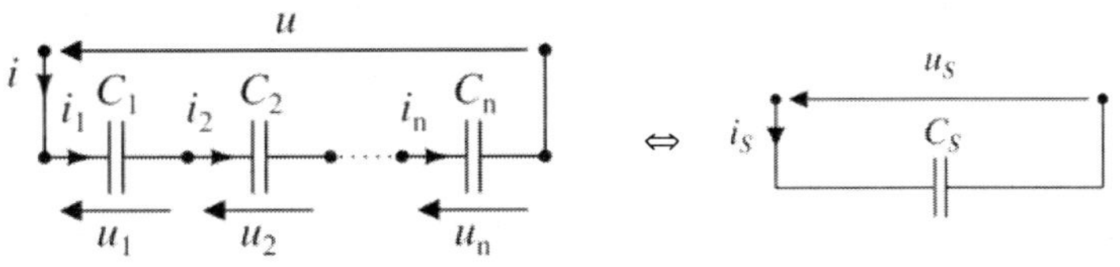

$$u_k = \frac{1}{C_k} \int_{-\infty}^{t} i_k\, d\tau \qquad\qquad u_s = \frac{1}{C_s} \int_{-\infty}^{t} i_s\, d\tau$$

Per la LKT si può scrivere

$$u = \sum_{k=1}^{n} u_k = u_1 + u_2 + \ldots + u_n = u_s$$

mentre per la LKC, si ha che

$$i = i_1 = \ldots = i_n = i_s \quad \text{e cioè} \quad i = i_k = i_s \; (k = 1, 2, \ldots n)$$

Sostituendo nella LKT le equazioni di legame dei bipoli capacitivi, e tenendo conto della LKC, si perviene alla

$$u = u_1 + u_2 + \ldots + u_n = u_s \Rightarrow \frac{1}{C_s}\int_{-\infty}^{t} i\,d\tau = \sum_{k=1}^{n}\frac{1}{C_k}\int_{-\infty}^{t} i_k\,d\tau = \left(\sum_{k=1}^{n}\frac{1}{C_k}\right)\int_{-\infty}^{t} i\,d\tau$$

da cui si deduce

$$C_s = \left(\sum_{k=1}^{n}\frac{1}{C_k}\right)^{-1}$$

che è l'espressione cercata.

1° ESERCIZIO La carica totale del cavo coassiale (ipotizzata negativa per il conduttore interno e positiva per quello esterno) vale

$$Q = \rho\, l = 20 \cdot 10^{-6} \ \text{C}$$

Con riferimento al conduttore interno, l'intensità del campo elettrico è esprimibile come

$$E(r) = \frac{-Q}{2\pi\varepsilon\, l r}$$

La differenza di potenziale tra conduttore interno e conduttore esterno è quindi

$$U_{ab} = -\int_{r_a}^{r_b} E(r)\,dr = -\int_{r_a}^{r_b} \frac{-\rho\, l}{2\pi\varepsilon\, l r}\,dr = \frac{\rho}{2\pi\varepsilon}\ln\frac{r_b}{r_a}$$

che consente di calcolare l'energia elettrostatica immagazzinata nel dielettrico del cavo coassiale come

$$W = \frac{1}{2} Q V_{ab} = \frac{1}{2}\frac{\rho^2 l}{2\pi\varepsilon_0\varepsilon_r}\ln\frac{r_b}{r_a} = \frac{1}{2}\frac{10^{-8}\cdot 20\cdot 10^{-2}}{2\pi\varepsilon_0\cdot 4}\ln\frac{5}{2} \approx 4.12 \ \text{J}.$$

2° ESERCIZIO Per applicare il metodo delle maglie, individuati i nodi e fissati i versi positivi di riferimento per le correnti di lato,

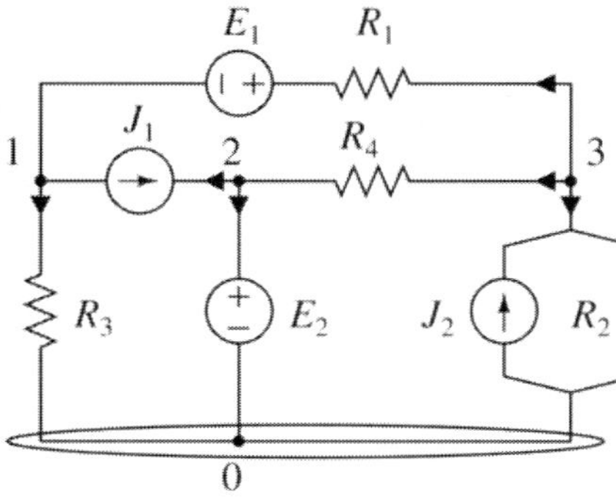

è opportuno, in via prioritaria, rappresentare Thévenin tutti i lati della rete. Allo scopo si procede allo spostamento del generatore ideale di corrente J_1, ottenendo

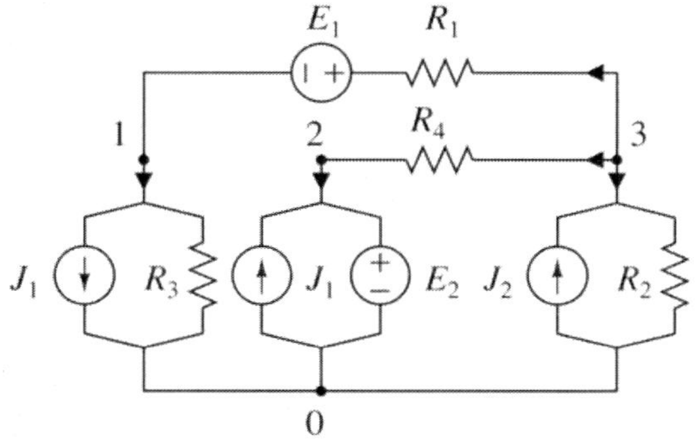

Trasformando ora tutti i generatori reali di corrente presenti nella rete negli equivalenti Thévenin (i.e., nei corrispondenti generatori reali di tensione), si ottiene la rete elettricamente equivalente alla rete assegnata, definita come segue

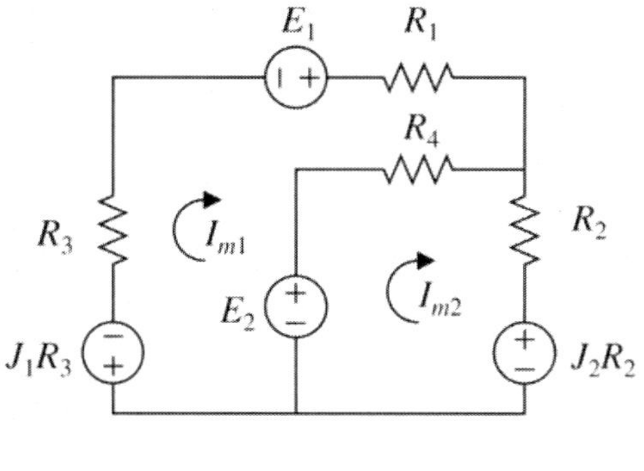

Il sistema risolvente, scritto direttamente in forma matriciale per ispezione viva della rete, è

$$\begin{bmatrix} R_1+R_3+R_4 & -R_4 \\ -R_4 & R_2+R_4 \end{bmatrix}\begin{bmatrix} I_{m1} \\ I_{m2} \end{bmatrix}=\begin{bmatrix} E_1-E_2-J_1R_3 \\ E_2-J_2R_2 \end{bmatrix}$$

da cui si ottiene

$I_{m1}=0.88$ A;
$I_{m2}=0.04$ A.

Le correnti e le tensioni di ramo della rete assegnata sono quindi

$I_{31}=-I_{m1}=-0.88$ A
$I_{32}=I_{m1}-I_{m2}=0.84$ A
$I_{21}=-J_1=-1$ A
$I_{30J2}=-J_2=-2$ A
$I_{20}=I_{32}-I_{21}=1.84$ A
$I_{10}=I_{21}+I_{31}=-1.88$ A
$I_{30R2}=U_{30}/R_2=2.04$ A

$U_{20}=E_2=12$ V
$U_{32}=R_4I_{32}=8.4$ V
$U_{30}=U_{32}+U_{20}=20.4$ V
$U_{10}=R_3I_{10}=-18.8$ V
$U_{31}=E_1+R_1I_{31}=39.2$ V
$U_{21}=U_{20}-U_{10}=30.8$ V

SOLUZIONI PROPOSTE PER I QUESITI E GLI ESERCIZI DELL'ESAME ID # : 002

1° QUESITO

Il comportamento magnetico di un materiale dipende dall'interazione tra il campo magnetico esterno applicato ed i momenti magnetici degli atomi che compongono il materiale. Il momento magnetico di un atomo è dato dalla somma dei momenti magnetici dei singoli elettroni che lo compongono (essendo del tutto trascurabili gli effetti dovuti ai protoni). Il momento magnetico, **m,** di un elettrone è la somma di due momenti: il momento magnetico orbitale, $\mathbf{m}_o$, dovuto al movimento di rotazione dell'elettrone attorno al nucleo, e il momento magnetico di spin, $\mathbf{m}_s$, dovuto alla rotazione dell'elettrone su se stesso. Un elettrone di carica *-e* che si muove a velocità **v** lungo un'orbita di raggio r esegue una rivoluzione completa nel tempo $T=\frac{2\pi r}{v}$; il sistema costituisce una spira di area $A=\pi r^2$, attraversata dalla corrente I calcolabile come

$$I=\frac{dq}{dt}=-\frac{e}{T}=-\frac{ev}{2\pi r}\quad .$$

Il modulo m_o del momento orbitale vale

$$m_o=IA=\left(-\frac{ev}{2\pi r}\right)(\pi r^2)=-\frac{evr}{2}=-\left(\frac{e}{2m_e}\right)L_e$$

dove m_e è la massa dell'elettrone e $L_e=m_e vr$ il suo momento angolare. In accordo alla meccanica quantistica m_o assume solo valori discreti; più specificatamente, L_e è sempre un multiplo intero di $\hbar=\frac{h}{2\pi}$, dove h è la costante di Planck.

Si può perciò scrivere

$$m_o=-\frac{en\hbar}{2m_e}\quad .$$

La rotazione dell'elettrone su se stesso genera invece il momento magnetico di spin $\mathbf{m}_s$, il cui modulo vale

$$m_s = -\frac{e\hbar}{2m_e}$$

che coincide con il più piccolo valore di m_o.
La grandezza macroscopica che riassume il comportamento magnetico degli atomi che compongono un mezzo materiale è l'*intesità di magnetizzazione* o *di polarizzazione magnetica* **M**, definibile come

$$\mathbf{M} = \lim_{\Delta V \to 0} \frac{\Delta \mathbf{m}}{\Delta V}$$

essendo ΔV un volumetto di materiale e $\Delta\mathbf{m}$ il momento di dipolo magnetico degli atomi presenti in ΔV. L'effetto della magnetizzazione del mezzo si somma all'induzione magnetica dovuta al campo magnetico esterno **H**, per cui si ottiene un'induzione totale nel mezzo materiale data dall'espressione

$$\mathbf{B} = \mu_0 \mathbf{H} + \mu_0 \mathbf{M}.$$

Nei mezzi lineari, isotropi ed omogenei **M** è direttamente proporzionale ad **H**, attraverso la costante χ_m, detta *suscettività magnetica*, per cui si ottiene

$$\mathbf{B} = \mu_0 \mathbf{H} + \mu_0 \chi_m \mathbf{H} = \mu_0 (1 + \chi_m) \mathbf{H}$$

e ponendo

$$\mu = \mu_0 (1 + \chi_m) \;\Rightarrow\; \mu_r = \frac{\mu}{\mu_0} = (1 + \chi_m)$$

si perviene alla relazione costitutiva dei mezzi magnetici

$$\mathbf{B} = \mu \mathbf{H} = \mu_0 \mu_r \mathbf{H}.$$

2° QUESITO

Nell'applicazione del metodo dei nodi o in quello delle maglie risulta conveniente trasformare rispettivamente tutti i generatori di tensione in generatori reali di corrente, oppure, tutti i generatori di corrente in generatori reali di tensione. Non sempre la semplice rappresentazione Norton o Thévenin di tutti i lati della rete rende possibili queste trasformazioni: infatti, nel caso di generatori ideali di tensione o di corrente suddette rappresentazioni non sono possibili. In questi casi,

necessita uno spostamento preliminare dei generatori ideali in modo tale che, nella rete elettrica equivalente così ottenuta, le configurazioni dei lati siano rappresentabili Norton (come ad esempio per un generatore ideale di tensione in serie ad un bipolo) oppure Thévenin (come ad esempio per un generatore ideale di corrente in parallelo ad un bipolo).
Se un generatore ideale di tensione è direttamente collegato fra due nodi di una rete (e.g., 1 e 2), lo stesso può essere spostato attraverso uno dei due nodi (e.g., il nodo 2) nel modo illustrato in figura.

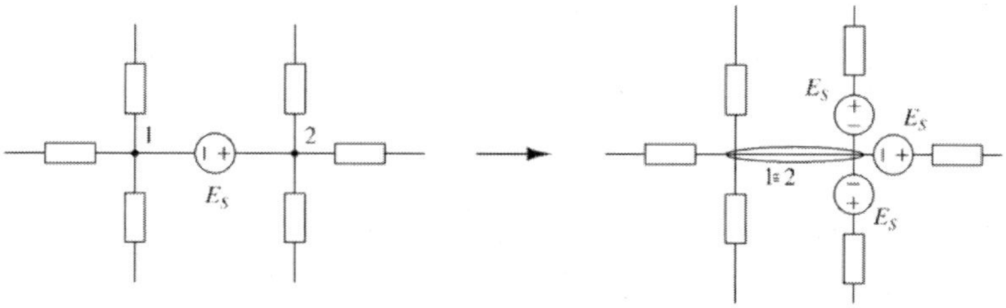

Il lato in cui era originariamente presente il generatore ideale degenera in un corto circuito (i.e., i nodi terminali vengono a coincidere, 1 = 2), mentre il generatore ideale di tensione viene collegato in serie a ciascuno dei lati che fanno capo ad uno dei due nodi scelto arbitrariamente (nel caso specifico il nodo 2) ed a cui lo stesso era originariamente connesso. Si osservi che la polarità del generatore ideale è tale da non alterare le equazioni di equilibrio delle tensioni nelle maglie i cui lati sono stati interessati dallo spostamento del generatore. La rete così ottenuta, anche se topologicamente diversa, è elettricamente equivalente alla rete assegnata, ma i suoi lati sono ora costituiti da generatori ideali di tensione collegati in serie a generici bipoli, quindi, con ogni probabilità, risulteranno trasformabili Norton. In caso contrario (i.e., se in qualche lato permane un generatore ideale di tensione) bisognerà procedere ad ulteriori spostamenti.

1° ESERCIZIO Dall'espressione della capacità di un condensatore a facce piane e parallele

$$C = \varepsilon \frac{S}{d}$$

risolvendo rispetto alla sezione e sostituendo i dati, si ottiene

$$S=\frac{Cd}{\varepsilon_0\varepsilon_r}=\frac{0.128\cdot10^{-6}\cdot55\cdot10^{-6}}{8.854\cdot10^{-12}\cdot4}=0.1988\quad \text{m}^2.$$

2° ESERCIZIO Indicando sulla rete le correnti erogate e assorbite, si ha

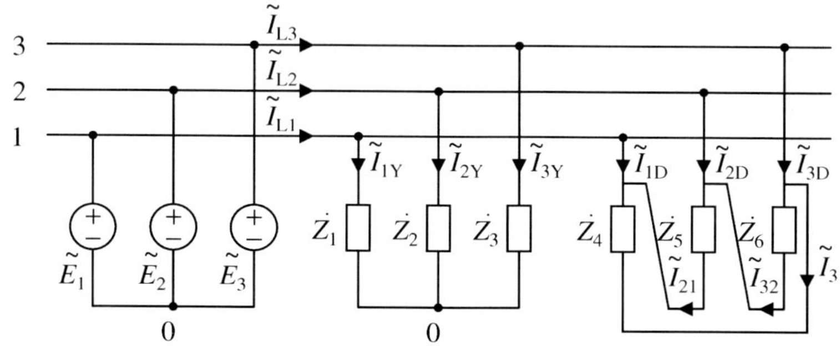

Poiché il carico a stella è equilibrato, il calcolo delle correnti assorbite è immediato

$$\tilde{I}_{1Y}=\frac{\tilde{E}_1}{\dot{Z}_1}=23+j23\quad \text{A}$$

$$\tilde{I}_{2Y}=\frac{\tilde{E}_2}{\dot{Z}_2}=8.4-j31.4\quad \text{A}$$

$$\tilde{I}_{3Y}=\frac{\tilde{E}_3}{\dot{Z}_3}=-31.4+j8.4\quad \text{A}.$$

Le correnti assorbite dal carico a triangolo valgono

$$\tilde{I}_{21}=\frac{\tilde{E}_2-\tilde{E}_1}{\dot{Z}_5}=-34.5+j19.9\quad \text{A}$$

$$\tilde{I}_{31}=\frac{\tilde{E}_3-\tilde{E}_1}{\dot{Z}_4}=-19.9-j34.5\quad \text{A}$$

$$\tilde{I}_{32}=\frac{\tilde{E}_3-\tilde{E}_2}{\dot{Z}_6}=j39.8\quad \text{A}$$

da cui

$$\tilde{I}_{1D} = -\tilde{I}_{31} - \tilde{I}_{21} = -14.6 + j14.6 \quad \text{A}$$
$$\tilde{I}_{2D} = \tilde{I}_{21} - \tilde{I}_{32} = 34.5 - j19.9 \quad \text{A}$$
$$\tilde{I}_{3D} = \tilde{I}_{31} + \tilde{I}_{32} = -19.9 + j5.3 \quad \text{A}.$$

Le correnti di linea erogate dal generatore trifase sono perciò

$$\tilde{I}_{L1} = \tilde{I}_{1Y} + \tilde{I}_{1D} = 8.4 + j37.6 \quad \text{A}$$
$$\tilde{I}_{L2} = \tilde{I}_{2Y} + \tilde{I}_{2D} = 42.9 - j51.3 \quad \text{A}$$
$$\tilde{I}_{L3} = \tilde{I}_{3Y} + \tilde{I}_{3D} = -51.3 + j13.7 \quad \text{A}$$

e quindi la potenza apparente complessa erogata è

$$\dot{S}_{gen} = \tilde{E}_1 \tilde{I}^*_{L1} + \tilde{E}_2 \tilde{I}^*_{L2} + \tilde{E}_3 \tilde{I}^*_{L3} = 31717.8 + j15833 \quad \text{VA}.$$

SOLUZIONI PROPOSTE PER I QUESITI E GLI ESERCIZI DELL'ESAME ID # : 003

1° QUESITO

La terza equazione di Maxwell (o legge di Faraday) stabilisce che la circuitazione del campo elettrico **E**, ovvero l'integrale lungo una linea chiusa *L*, è proporzionale alla derivata rispetto al tempo del flusso dell'induzione magnetica **B** attraverso una qualunque superficie *S* che ha per contorno *L*, ovvero

$$\oint_L \mathbf{E}\cdot\hat{\mathbf{t}}\, dl = -\frac{\partial}{\partial t}\iint_S \mathbf{B}\cdot\hat{\mathbf{n}}\, ds .$$

In forma differenziale, la terza equazione di Maxwell si scrive

$$\nabla\times\mathbf{E} = -\frac{\partial\mathbf{B}}{\partial t} .$$

Integrando sulla superficie *S*

$$\iint_S \nabla\times\mathbf{E}\cdot\hat{\mathbf{n}}\, ds = -\iint_S \frac{\partial\mathbf{B}}{\partial t}\cdot\hat{\mathbf{n}}\, ds$$

ed infine, applicando il teorema di Stokes, si perviene all'espressione in forma integrale

$$\oint_L \mathbf{E}\cdot\hat{\mathbf{t}}\, dl = -\frac{\partial}{\partial t}\iint_S \mathbf{B}\cdot\hat{\mathbf{n}}\, ds .$$

La quarta equazione di Maxwell (o *legge di Ampere-Maxwell*) afferma che la circuitazione del campo magnetico **H** lungo una linea chiusa *L* è pari alla corrente totale concatenata con *L*, ovvero

$$\oint_L \mathbf{H}\cdot\hat{\mathbf{t}}\, dl = \iint_S \mathbf{J}\cdot\hat{\mathbf{n}}\, ds + \frac{\partial}{\partial t}\iint_S \mathbf{D}\cdot\hat{\mathbf{n}}\, ds .$$

In forma differenziale, la quarta equazione di Maxwell si scrive

$$\nabla \times \mathbf{H} = \mathbf{J} + \frac{\partial \mathbf{D}}{\partial t}.$$

Integrando sulla superficie S

$$\iint_S \nabla \times \mathbf{H} \cdot \hat{\mathbf{n}}\, ds = -\iint_S \left(\mathbf{J} + \frac{\partial \mathbf{D}}{\partial t}\right) \cdot \hat{\mathbf{n}}\, ds$$

ed infine applicando il teorema di Stokes si perviene all'espressione in forma integrale della legge di Faraday

$$\oint_L \mathbf{H} \cdot \hat{\mathbf{t}}\, dl = \iint_S \mathbf{J} \cdot \hat{\mathbf{n}}\, ds + \frac{\partial}{\partial t} \iint_S \mathbf{D} \cdot \hat{\mathbf{n}}\, ds.$$

2° QUESITO

Dato un sistema trifase qualsiasi, indicati con $\tilde{E}_1$, $\tilde{E}_2$ ed $\tilde{E}_3$ i fasori delle tensioni di fase e con $\tilde{I}_1$, $\tilde{I}_2$ ed $\tilde{I}_3$ i fasori delle correnti di linea, si definisce potenza apparente complessa $\dot{P}_a$ del sistema (misurata in VA) la somma delle potenze complesse di ciascuna fase

$$\dot{P}_a = \dot{P}_{a1} + \dot{P}_{a2} + \dot{P}_{a3} = \tilde{E}_1 \tilde{I}_1^* + \tilde{E}_2 \tilde{I}_2^* + \tilde{E}_3 \tilde{I}_3^*.$$

Detto φ_i lo sfasamento tra la tensione e la corrente dell'i-esima fase (i.e. la differenza tra le fasi iniziali della tensione e della corrente), la precedente relazione si trasforma nella

$$\dot{P}_a = E_1 I_1 \cos\varphi_1 + E_2 I_2 \cos\varphi_2 + E_3 I_3 \cos\varphi_3 +$$
$$+ j(E_1 I_1 \operatorname{sen}\varphi_1 + E_2 I_2 \operatorname{sen}\varphi_2 + E_3 I_3 \operatorname{sen}\varphi_3)$$

dove il termine $E_i I_i \cos\varphi_i$ rappresenta, come nel caso del regime sinusoidale monofase, la potenza attiva P_i (misurata in W) associata alla fase i-esima e il termine $E_i I_i \operatorname{sen}\varphi_i$ la corrispondente potenza reattiva Q_i (misurata in VAR). Da ciò discende

$$\dot{P}_a = P_1 + P_2 + P_3 + j(Q_1 + Q_2 + Q_3) = P + jQ$$

essendo P la potenza attiva e Q la potenza reattiva totale del sistema trifase. Analogamente al monofase, si definisce potenza apparente P_a del sistema trifase (misurata in VA)

$$P_a = \sqrt{P^2 + Q^2}$$

che coincide col modulo della potenza apparente complessa.
Le formule generali appena scritte si semplificano nel caso particolare in cui il sistema trifase sia simmetrico ed equilibrato. In tal caso valgono le relazioni $E_1=E_2=E_3=E$, $U=\sqrt{3}\,E$ (U è la tensione concatenata), $I_1=I_2=I_3=I$ e $\varphi_1=\varphi_2=\varphi_3=\varphi$, da cui si ottiene

$$\dot{P}_a = 3\,\tilde{E}_1\tilde{I}_1^* = 3\,\tilde{E}_2\tilde{I}_2^* = 3\,\tilde{E}_3\tilde{I}_3^* = P + jQ$$
$$P = 3\,EI\cos\varphi = \sqrt{3}\,UI\cos\varphi$$
$$Q = 3\,EI\,\mathrm{sen}\,\varphi = \sqrt{3}\,UI\,\mathrm{sen}\,\varphi$$
$$P_a = 3\,EI = \sqrt{3}\,UI = \sqrt{P^2+Q^2}\,.$$

1° ESERCIZIO L'espressione del flusso di **B** attraverso la spira è:

$$\Phi(t) = \int_S \mathbf{B}\cdot d\mathbf{S} = B\,ab\,\hat{\mathbf{y}}\cdot\hat{\mathbf{y}}\cos(\varphi(t)) = B\,ab\cos(\varphi(t))$$

essendo

$$\varphi(t) = \omega t = 2\pi f t = 2\pi\frac{n}{60}t = 200\pi t \quad \text{rad}$$

$\Phi(t)$ vale

$$\Phi(t) = 50\cdot 10^{-3}\cdot 2\cdot 10^{-2}\cdot 3\cdot 10^{-2}\cdot\cos(200\pi t) = 3\cdot 10^{-5}\cos(200\pi t) \quad \text{Wb}$$

per cui la f.e.m. indotta nella spira è

$$e(t) = -\frac{d}{dt}\Phi(t) = 3\cdot 10^{-5}\cdot 200\pi\,\mathrm{sen}(200\pi t) \quad \text{V}$$

mentre la corrente è

$$i(t) = \frac{e(t)}{R} = \frac{3\cdot 10^{-5}\cdot 200\pi\,\mathrm{sen}(200\pi t)}{0.5} = 3.7699\cdot 10^{-2}\,\mathrm{sen}(200\pi t) \quad \text{A}\,.$$

2° ESERCIZIO Il circuito elettrico equivalente, da risolvere per determinare la corrente I erogata per l'alimentazione dei fari, è

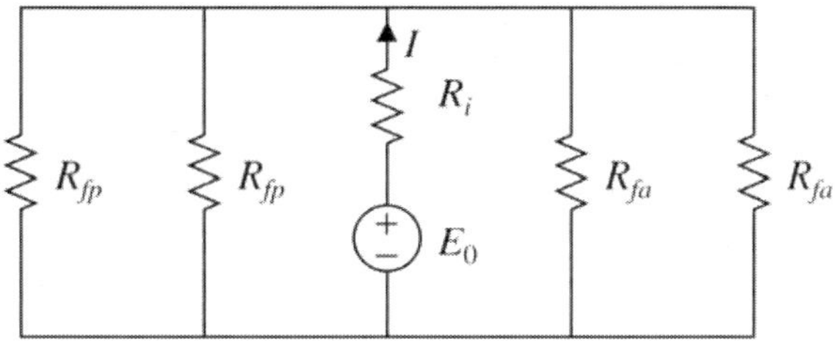

in cui E_0=12.73 V è la tensione a vuoto della batteria, R_i la sua resistenza interna, R_{fp} la resistenza dei fari posteriori e R_{fa} quella dei fari anteriori.
Poiché se la batteria è chiusa su una resistenza campione $R_c = 10\,\Omega$ eroga una corrente I_c=1.25 A,

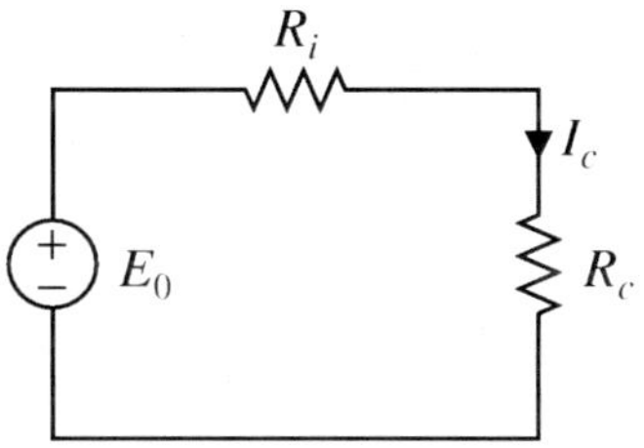

la R_i vale

$$R_i = \frac{E_0 - R_c\, I_c}{I_c} = \frac{12.73 - 10 \cdot 1.25}{1.25} = 0.184 \quad \Omega\,.$$

Le resistenze R_{fa} e R_{fp} valgono

$$R_{fa} = \frac{U_n^2}{P_{fa}} = \frac{12^2}{55} = 2.618 \quad \Omega$$

$$R_{fp} = \frac{U_n^2}{P_{fp}} = \frac{12^2}{21} = 6.857 \quad \Omega$$

per cui, indicando con R_{ef} la resistenza complessiva dei fari anteriori e posteriori, si ottiene

$$R_{ef}=\left(\frac{2}{R_{fa}}+\frac{2}{R_{fp}}\right)^{-1}=\left(\frac{2}{2.618}+\frac{2}{6.857}\right)^{-1}=0.947\ \ \Omega$$

quindi

$$I=\frac{E_0}{R_i+R_{ef}}=\frac{12.73}{0.184+0.947}=11.255\ \ \text{A}\ .$$

SOLUZIONI PROPOSTE PER I QUESITI E GLI ESERCIZI DELL'ESAME ID # : 004

1° QUESITO Essendo $\mu \gg \mu_0$, si può trascurare la riluttanza dei tratti di circuito in materiale ferromagnetico, mentre per quelli in aria la riluttanza è esprimibile come

$$\Re = \frac{\delta}{\mu_0 A}.$$

Calcolo del coefficiente di auto induzione L_1 dell'avvolgimento N_1

Il circuito elettrico equivalente è

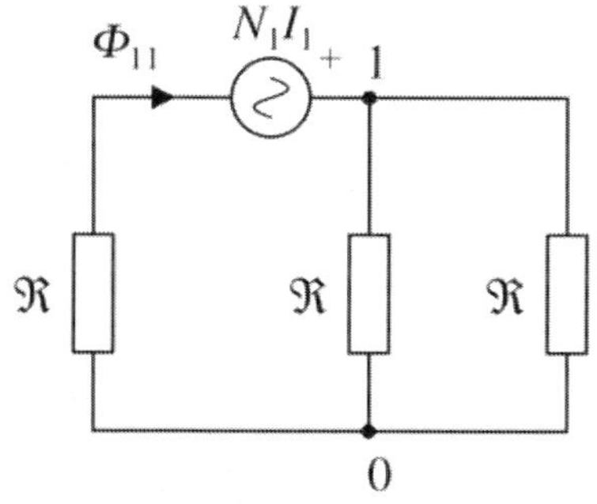

La riluttanza vista dal generatore è esprimibile come

$$\Re_{tot} = \frac{\Re}{2} + \Re = \frac{3}{2}\Re;$$

indicando con Φ_{11} il flusso che attraversa l'avvolgimento 1, si ottiene

$$\Phi_{11} = \frac{N_1 I_1}{3/2\,\Re} = \frac{2 N_1 I_1}{3\Re} \quad \text{da cui} \quad L_1 = \frac{N_1 \Phi_{11}}{I_1} = \frac{2 N_1^2}{3\Re}.$$

Calcolo del coefficiente di auto induzione L_2 dell'avvolgimento N_2

Il circuito elettrico equivalente è

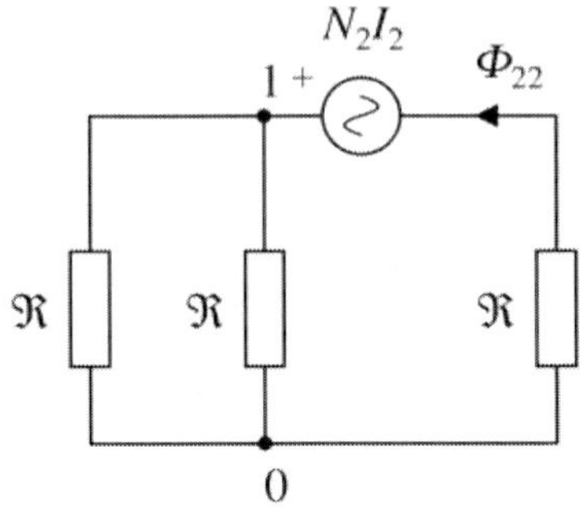

La riluttanza vista dal generatore è esprimibile come

$$\Re_{tot} = \frac{\Re}{2} + \Re = \frac{3}{2}\Re\,;$$

indicando con Φ_{22} il flusso che attraversa l'avvolgimento 2, si ottiene

$$\Phi_{22} = \frac{N_2 I_2}{3/2\Re} = \frac{2 N_2 I_2}{3\Re} \quad \text{e} \quad L_2 = \frac{N_2 \Phi_{22}}{I_2} = \frac{2 N_2^2}{3\Re}\,.$$

Calcolo del coefficiente di mutua induzione $M_{12}=M_{21}$

Il circuito elettrico equivalente è lo stesso utilizzato per il calcolo di L_1

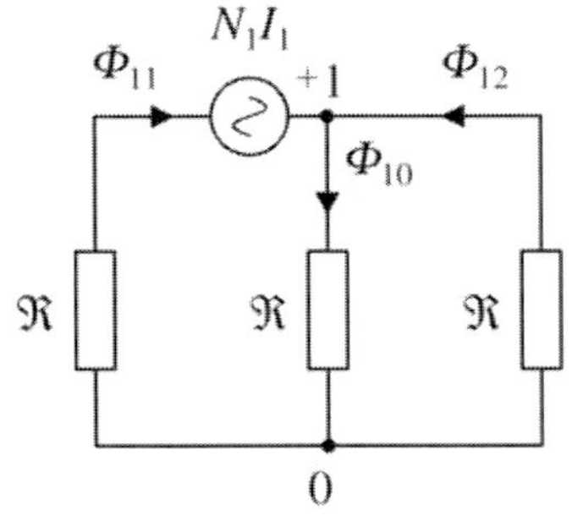

ove si è indicato con Φ_{11} il flusso che attraversa l'avvolgimento 1, con Φ_{12} il flusso che attraversa l'avvolgimento 2 e con Φ_{10} il flusso che non concatena nessuno dei due avvolgimenti. Essendo Φ_{11} noto, si può calcolare la tensione magnetica tra i nodi 1 e 0 come

$$U_{10} = N_1 I_1 - \Re\Phi_{11} = N_1 I_1 - \frac{2}{3} N_1 I_1 = \frac{N_1 I_1}{3}$$

da cui si ottiene

$$\Phi_{12}=-\frac{U_{10}}{\Re}=-\frac{N_1 I_1}{3\Re} \quad \text{quindi} \quad M_{12}=\frac{N_2 \Phi_{12}}{I_1}=-\frac{N_1 N_2}{3\Re}.$$

2° QUESITO Si consideri un generatore elettrico di f.e.m. E e resistenza interna R_i che alimenta un carico resistivo R_c come illustrato in figura

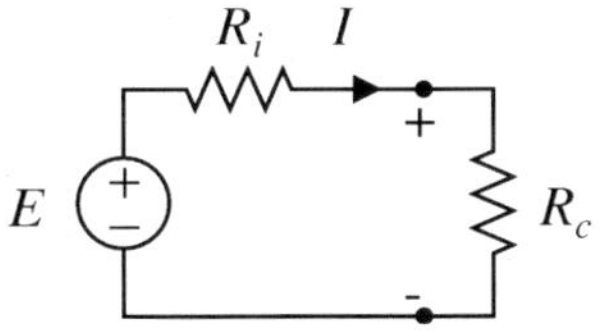

Il teorema del massimo trasferimento di potenza afferma che la potenza trasferita è massima quando la resistenza del carico uguaglia la resistenza interna del generatore, cioè quando R_c=R_i (condizione questa detta di adattamento del carico). In questa condizione si ha che la potenza dissipata da R_i uguaglia quella assorbita dal carico e vale $E^2/4R_i$, per cui il rendimento è pari al 50%. Il teorema è applicabile anche quando il carico R_c è alimentato da una rete: applicando il teorema di Thévenin ai capi di R_c, ci si riconduce al caso appena trattato, in cui E_{Th}=E e R_{Th}=R_i; la condizione di adattamento è ora R_c=R_{Th}, mentre la potenza assorbita dal carico vale $E_{Th}^2/4R_{Th}$. Non è invece lecito affermare che il rendimento risulti ancora pari al 50%, poiché le potenze effettivamente generate e dissipate nella rete di alimentazione, in generale, differiscono da quelle calcolabili con l'equivalente di Thévenin.

1° ESERCIZIO La capacità iniziale vale

$$C_{ini}=\varepsilon_0\frac{S}{d}=5.755\cdot10^{-9} \text{ F}.$$

Dopo aver inserito lo strato di Mylar, la capacità finale sarà la serie tra le capacità dello strato d'aria e di quello di Mylar, per cui

$$\dot{C}_{fin}=\left(\frac{1}{\varepsilon_0\frac{S}{d-\delta}}+\frac{1}{\varepsilon_0\varepsilon_r\frac{S}{\delta}}\right)^{-1}=6.771\cdot10^{-9}\ \text{F}.$$

2° ESERCIZIO Prima di applicare il metodo simbolico, occorre esprimere la corrente $j(t)$ mediante la funzione seno, e cioè

$$j(t)=\sqrt{2}\cdot1\cdot\cos(314t+\frac{\pi}{4})=\sqrt{2}\cdot1\cdot\text{sen}(314t+\frac{3\pi}{4})\ \text{A}.$$

I fasori delle tensioni e delle correnti impresse sono

$$\tilde{E}=5+j8.66\ \ V$$
$$\tilde{J}=-0.707+j0.707\ \ \text{A}$$

mentre le impedenze valgono

$$\dot{Z}_R=10\ \ \Omega$$
$$\dot{Z}_L=j\cdot314\cdot16\cdot10^{-3}=j5.024\ \ \Omega$$
$$\dot{Z}_C=\frac{-j}{314\cdot0.318\cdot10^{-3}}=-j10.015\ \ \Omega.$$

Individuati i nodi e fissati i versi positivi di riferimento per le correnti di lato, la rete può essere trasformata come segue

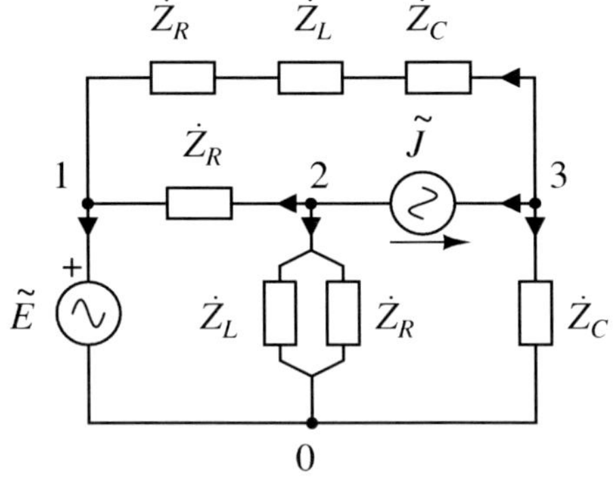

Si sceglie di risolvere la rete tramite il metodo delle maglie, la cui applicazione richiede lo spostamento del generatore ideale di corrente

$\tilde{J}$, che potrà essere effettuata come segue

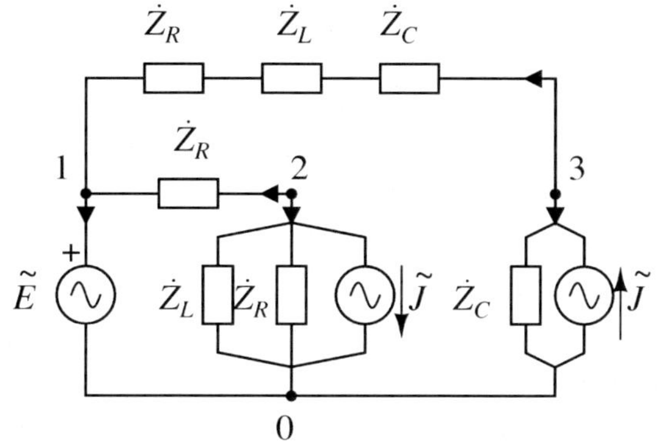

Rappresentando Thévenin tutti i lati della rete, è possibile applicare il metodo delle maglie, scrivendo direttamente per ispezione visiva il sistema risolvente in forma matriciale

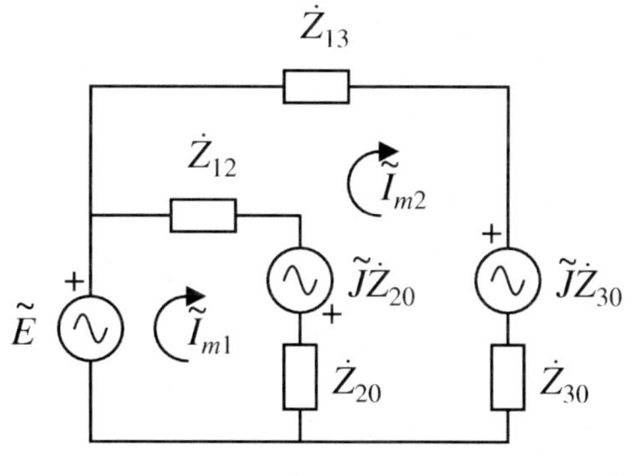

essendo

$$\dot{Z}_{13} = \dot{Z}_L + \dot{Z}_R + \dot{Z}_C = 10 - j5 \ \ \Omega; \quad \dot{Z}_{12} = \dot{Z}_R = 10 \ \ \Omega$$

$$\dot{Z}_{30} = \dot{Z}_C = -j\,10.015 \ \ \Omega; \qquad \dot{Z}_{20} = \left(\frac{1}{\dot{Z}_L} + \frac{1}{\dot{Z}_R}\right)^{-1} = 2 + j4 \ \ \Omega$$

si ha

$$\begin{bmatrix} \dot{Z}_{12} + \dot{Z}_{20} & -\dot{Z}_{12} - \dot{Z}_{20} \\ -\dot{Z}_{12} - \dot{Z}_{20} & \dot{Z}_{12} + \dot{Z}_{20} + \dot{Z}_{13} + \dot{Z}_{30} \end{bmatrix} \begin{bmatrix} \tilde{I}_{m1} \\ \tilde{I}_{m2} \end{bmatrix} = \begin{bmatrix} \tilde{E} + \tilde{J}\,\dot{Z}_{20} \\ -\tilde{J}\,\dot{Z}_C - \tilde{J}\,\dot{Z}_{20} \end{bmatrix}$$

le cui soluzioni sono

$$\tilde{I}_{m1} = 0.0996+j0.4768 \text{ A};$$
$$\tilde{I}_{m2} = -0.1369-j0.0475 \text{ A}.$$

Le correnti e le tensioni di ramo della rete assegnata sono quindi

$\tilde{I}_{10} = -\tilde{I}_{m1} = -0.100-j0.477$ A
$\tilde{I}_{21} = \tilde{I}_{m2} - \tilde{I}_{m1} = -0.237-j0.524$ A
$\tilde{I}_{32} = -\tilde{J} = 0.707-j0.707$ A
$\tilde{I}_{31} = -\tilde{I}_{m2} = 0.137+j0.048$ A
$\tilde{I}_{30} = \tilde{J} - \tilde{I}_{31} = -0.844+j0.660$ A
$\tilde{I}_{20\dot{Z}_L} = \tilde{U}_{20}/\dot{Z}_L = 0.680-j0.525$ A
$\tilde{I}_{20\dot{Z}_R} = \tilde{U}_{20}/\dot{Z}_R = 0.264+j0.342$ A

$\tilde{U}_{10} = \tilde{E} = 5.000+j8.660$ V
$\tilde{U}_{21} = \dot{Z}_R\tilde{I}_{21} = -2.365-j5.243$ V
$\tilde{U}_{31} = \dot{Z}_{31}\tilde{I}_{31} = 1.606-j0.208$ V
$\tilde{U}_{30} = \dot{Z}_{30}\tilde{I}_{30} = 6.606+j8.452$ V
$\tilde{U}_{20} = \tilde{U}_{10} + \tilde{U}_{21} = 2.635+j3.417$ V
$\tilde{U}_{32} = \tilde{U}_{31} - \tilde{U}_{21} = 3.971+j5.035$ V

Il teorema di Boucherot verificato risulta

$$\tilde{U}_{10}\tilde{I}^*_{10}+\tilde{U}_{21}\tilde{I}^*_{21}+\tilde{U}_{20}(\tilde{I}^*_{20\dot{Z}_L}+\tilde{U}^*_{20\dot{Z}_R})+\tilde{U}_{30}\tilde{I}^*_{30}+\tilde{U}_{32}\tilde{I}^*_{32}+\tilde{U}_{31}\tilde{I}^*_{31}\approx$$
$$\approx 0+j0 \text{ VA}.$$

SOLUZIONI PROPOSTE PER I QUESITI E GLI ESERCIZI DELL'ESAME ID #: 005

1° QUESITO

Del campo elettrico si può dare una definizione operativa attraverso la **forza di Lorentz**, che è la forza risultante $\mathbf{F}(\mathbf{r},t)$ che agisce su una carica puntiforme q, in moto con velocità $\mathbf{v}(\mathbf{r},t)$ rispetto al sistema di riferimento inerziale dell'osservatore, quando passa per un generico punto $P(\mathbf{r})$ all'istante di tempo t, e cioè

$$\mathbf{F}(\mathbf{r},t)=q\,(\mathbf{E}(\mathbf{r},t)+\mathbf{v}(\mathbf{r},t)\times\mathbf{B}(\mathbf{r},t)).$$

Per misurare $\mathbf{E}(\mathbf{r},t)$ basta immobilizzare la carica q in $P(\mathbf{r})$ e misurare la forza $\mathbf{F}_0(\mathbf{r},t)$ che agisce su di essa in queste condizioni. $\mathbf{E}(\mathbf{r},t)$ è dato dall'espressione

$$\mathbf{E}(\mathbf{r},t)=\frac{\mathbf{F}_0(\mathbf{r},t)}{q}.$$

Le proprietà fondamentali del campo elettrico sono quelle che discendono direttamente dalle equazioni di Maxwell. Dalla prima equazione, $\varepsilon\nabla\cdot\mathbf{E}=\rho$, discende che $\mathbf{E}$ si origina da sorgenti e termina in pozzi, cioè le sue linee di forza escono da cariche elettriche positive ed entrano in quelle negative, e ciò vale sia per campi elettrostatici (cariche elettriche ferme e tempo-invarianti) che per campi elettrici variabili nel tempo. Dalla terza equazione, $\nabla\times\mathbf{E}=-\frac{\partial\mathbf{B}}{\partial t}$, si deduce che in condizioni stazionarie, essendo $\nabla\times\mathbf{E}=0$, il campo elettrico è conservativo, ossia la sua circuitazione lungo un percorso chiuso è nulla; invece in condizioni dinamiche il campo elettrico non è più conservativo, e viene generato anche da campi magnetici variabili nel tempo.

2° QUESITO

Si considerino tre bipoli capacitivi C_{10}, C_{20} e C_{30} collegati a stella (collegamento A) e tre bipoli capacitivi C_{12}, C_{13} e C_{23} collegati a triangolo (collegamento B).

A

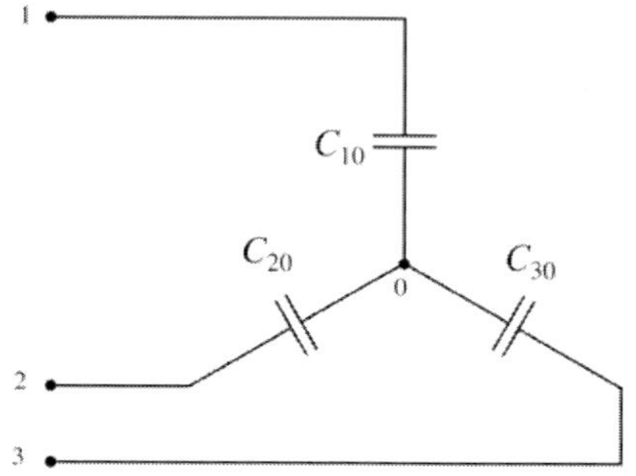

B

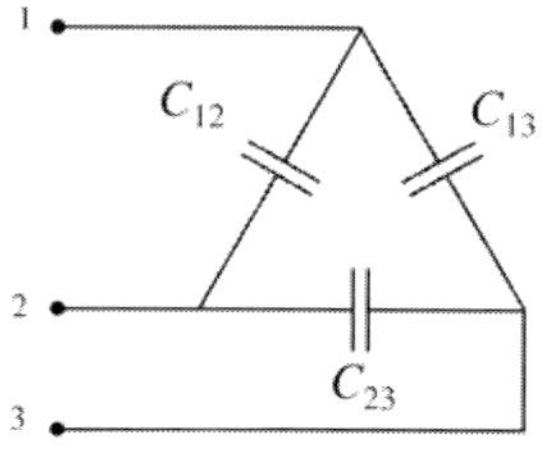

Affinché ci sia equivalenza elettrica tra i due collegamenti, le capacità viste da una coppia qualsiasi di morsetti devono essere uguali, cioè deve risultare

$$\text{morsetti 1-2:}\quad \frac{C_{10}C_{20}}{C_{10}+C_{20}}=C_{12}+\frac{C_{13}C_{23}}{C_{13}+C_{23}}$$

$$\text{morsetti 1-3:}\quad \frac{C_{10}C_{30}}{C_{10}+C_{30}}=C_{13}+\frac{C_{12}C_{23}}{C_{12}+C_{23}}$$

$$\text{morsetti 2-3:}\quad \frac{C_{20}C_{30}}{C_{20}+C_{30}}=C_{23}+\frac{C_{12}C_{13}}{C_{12}+C_{13}}\,.$$

Supponendo note le capacità del collegamento a stella, mettendo a sistema le tre equazioni, si ottengono le espressioni delle capacità equivalenti a triangolo

$$C_{12}=\frac{C_{10}C_{20}}{C_{10}+C_{20}+C_{30}}\qquad C_{23}=\frac{C_{20}C_{30}}{C_{10}+C_{20}+C_{30}}\qquad C_{13}=\frac{C_{30}C_{10}}{C_{10}+C_{20}+C_{30}}\,.$$

Supponendo note le capacità del collegamento a triangolo, mettendo a sistema le tre equazioni, si ottengono le espressioni delle capacità equivalenti a stella

$$C_{10}=\frac{C_{12}C_{23}+C_{23}C_{13}+C_{13}C_{12}}{C_{23}}\qquad C_{20}=\frac{C_{12}C_{23}+C_{23}C_{13}+C_{13}C_{12}}{C_{13}}$$

$$C_{30}=\frac{C_{12}C_{23}+C_{23}C_{13}+C_{13}C_{12}}{C_{12}}$$

1° ESERCIZIO L'espressione dell'energia specifica immagazzinata in un campo magnetico è

$$W=\frac{1}{2}BH$$

per cui il modulo di **H** vale

$$H=2\frac{W}{B}=19076.923\ \frac{\text{A}}{\text{m}}.$$

Il valore di μ si ricava dalla relazione costitutiva dei mezzi magnetici

$$\mu=\frac{B}{H}=\frac{1.95}{19076.923}=1.022\cdot10^{-4}\ \frac{\text{H}}{\text{m}}$$

da cui si ottiene

$$\mu_r=\frac{\mu}{\mu_0}=81.34$$

2° ESERCIZIO Per applicare il metodo simbolico occorre calcolare il fasore della tensione impressa e le impedenze associate a ciascun componente

$$\tilde{E}=199.1858+j\,115\ \ \text{V}$$
$$\dot{Z}_R=50\ \ \Omega \qquad \dot{Z}_L=j\,17.2788\ \ \Omega \qquad \dot{Z}_C=-j\,28.9373\ \ \Omega$$
$$\dot{Z}_{L_1}=j\,34.5575\ \ \Omega \quad \dot{Z}_{L_2}=j\,172.7876\ \ \Omega \quad |M|=k\sqrt{L_1L_2}\approx0.0179\ \ \text{H}.$$

Lo studio di questa rete potrà essere convenientemente eseguito rappresentando il mutuo accoppiamento fra i due bipoli induttivi mediante due generatori ideali di tensione dipendenti (ovvero generatori ideali di tensione controllati in corrente), ad esempio ed in modo del tutto arbitrario, entrambi convenzionati da generatori rispetto al riferimento positivo scelto per le fittizie correnti di maglia (da cui discende il segno meno presente nella loro espressione), così come illustrato in figura.

Il giusto segno di M dovrà poi essere attribuito con riferimento alla convenzione dei punti adottata rispetto ai versi di riferimento positivi assunti per le fittizie correnti di maglia (se le correnti sono entrambi concordi, i.e. entrano, o discordi, i.e. escono, dai morsetti dei bipoli contrassegnati con i punti, allora M sarà positivo, altrimenti se una corrente è concorde e l'altra è discorde allora M sarà negativo).

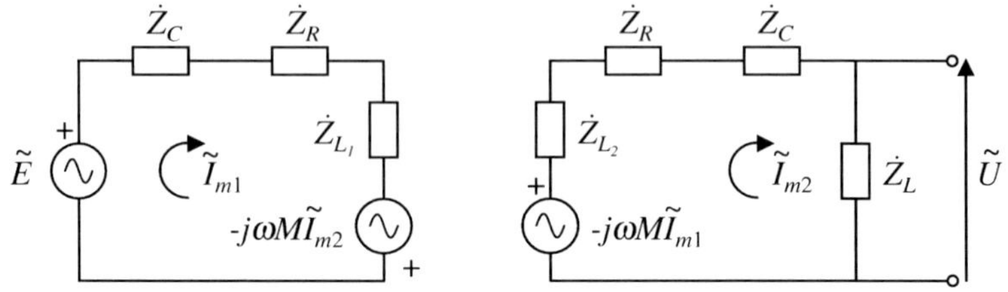

Con i versi di riferimento scelti per le correnti di maglia, il segno di M è positivo. Il sistema risolvente è

$$\tilde{E} = (\dot{Z}_C + \dot{Z}_R + \dot{Z}_{L_1})\tilde{I}_{m1} + j\omega M\tilde{I}_{m2}$$
$$0 = j\omega M\tilde{I}_{m1} + (\dot{Z}_C + \dot{Z}_R + \dot{Z}_{L_2} + \dot{Z}_L)\tilde{I}_{m2}$$

le cui soluzioni sono

$$\tilde{I}_{m1} = 2.7225 + j2.7965 \text{ A};$$
$$\tilde{I}_{m2} = -0.6491 - j1.2743 \text{ A}.$$

Il fasore $\tilde{U}$ vale quindi

$$\tilde{U} = \dot{Z}_L\tilde{I}_{m2} = 22.0185 - j11.2155 \text{ V}$$

da cui

$$u(t) = \sqrt{2}\cdot 24.71\cdot \text{sen}(3455.7519t - 0.4711) \text{ V}.$$

SOLUZIONI PROPOSTE PER I QUESITI E GLI ESERCIZI DELL'ESAME ID # : 006

1° QUESITO

L'equazione di continuità (o legge della conservazione della carica elettrica) può essere vista come una conseguenza delle equazioni di Maxwell. Infatti, partendo dalla quarta equazione

$$\nabla \times \mathbf{H} = \mathbf{J} + \frac{\partial \mathbf{D}}{\partial t}$$

applicando l'operatore divergenza ad ambo i membri

$$\nabla \cdot \nabla \times \mathbf{H} = \nabla \cdot \left(\mathbf{J} + \frac{\partial \mathbf{D}}{\partial t} \right) = \nabla \cdot \mathbf{J} + \nabla \cdot \frac{\partial \mathbf{D}}{\partial t} = \nabla \cdot \mathbf{J} + \frac{\partial}{\partial t} \nabla \cdot \mathbf{D}$$

ricordando che per il generico vettore **A** vale la relazione $\nabla \cdot \nabla \times \mathbf{A} = 0$, e che dalla prima equazione di Maxwell si ha $\nabla \cdot \mathbf{D} = \rho$, sostituendo si ottiene

$$\nabla \cdot \mathbf{J} + \frac{\partial \rho}{\partial t} = 0$$

che è proprio l'equazione di continuità.

2° QUESITO

Nell'applicazione del metodo dei nodi o in quello delle maglie risulta conveniente trasformare rispettivamente tutti i generatori di tensione in generatori reali di corrente, oppure, tutti i generatori di corrente in generatori reali di tensione. Non sempre la semplice rappresentazione Norton o Thévenin di tutti i lati della rete rende possibili queste trasformazioni: infatti, nel caso di generatori ideali di tensione o di corrente suddette rappresentazioni non sono possibili. In questi casi, necessita uno spostamento preliminare dei generatori ideali in modo tale che, nella rete elettrica equivalente così ottenuta, le configurazioni dei lati siano rappresentabili Norton (come ad esempio un generatore ideale di tensione in serie ad un bipolo) oppure Thevenin (come ad esempio un generatore ideale di corrente in parallelo ad un bipolo).
Se un generatore ideale di corrente è direttamente collegato fra due

nodi di una rete (e.g., 1 e 4), lo stesso può essere spostato in parallelo ai lati di un percorso che collega i due nodi (e.g., la concatenazione di lati l_{12}-l_{23}-l_{34}) nel modo illustrato in figura.

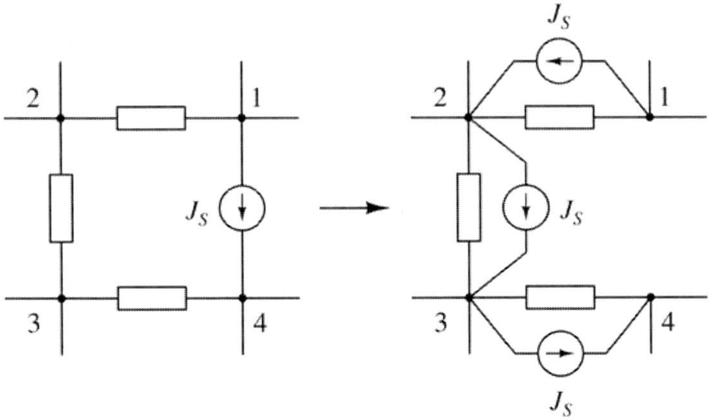

Il lato in cui era originariamente presente il generatore ideale degenera in un ramo aperto (i.e., i due nodi, 1 e 4, non risultano più direttamente collegati), mentre il generatore ideale di corrente viene collegato in parallelo a ciascun lato di una qualsiasi concatenazione scelta arbitrariamente (nel caso specifico, la sequenza di lati l_{12}-l_{23}-l_{34}) che partendo da uno dei due nodi (i.e., il nodo 1) a cui il generatore era originariamente collegato termina nell'altro (i.e., il nodo 4). Si osservi che i versi della corrente imposta dal generatore ideale spostato in parallelo a ciascun lato del percorso deve essere tale da non alterare le equazioni di equilibrio delle correnti di tutti i nodi a cui lo stesso si attesta a seguito allo spostamento. La rete così ottenuta, anche se topologicamente diversa, è elettricamente equivalente alla rete assegnata, ma i suoi lati sono ora costituiti da generatori ideali di corrente collegati in parallelo a generici bipoli, quindi, con ogni probabilità, risulteranno trasformabili Thévenin. In caso contrario (i.e., se in qualche lato permane un generatore ideale di corrente) bisognerà procedere ad ulteriori spostamenti.

1° ESERCIZIO Dall'espressione della resistenza di terra di un elettrodo emisferico

$$R_t = \frac{\rho_g}{2 \pi r_0}$$

risolvendo rispetto al raggio e sostituendo i dati si ottiene

$$r_0 = \frac{\rho_g}{2\pi R_t} = 0.477 \quad \text{m}.$$

Dall'espressione dell'andamento del potenziale di terra

$$V(r) = \frac{\rho_g I}{2\pi r}$$

si deduce la tensione di passo, U_p, come

$$U_p = V(50) - V(51) = \frac{\rho_g I}{2\pi}\left(\frac{1}{50} - \frac{1}{51}\right) = 7.489 \quad \text{V}.$$

2° ESERCIZIO Prima di applicare il metodo simbolico, occorre esprimere la corrente corrispondente $j(t)$ mediante la funzione seno, cioè

$$j(t) = \sqrt{2}\cdot 2\cdot\cos(314t + \frac{\pi}{4}) = \sqrt{2}\cdot 1\cdot \text{sen}(314t + \frac{3\pi}{4}) \quad \text{A}.$$

Il calcolo dei fasori e delle impedenze fornisce

$$\tilde{E} = 115 + j\,119.1858 \quad \text{V} \qquad \tilde{J} = -1.4142 + j\,1.4142 \quad \text{A}$$
$$\dot{Z}_R = 50 \quad \Omega \qquad \dot{Z}_L = j\cdot 314\cdot 50\cdot 10^{-3} = j\,15.7 \quad \Omega$$
$$\dot{Z}_C = \frac{-j}{314\cdot 0.05\cdot 10^{-3}} = -j63.6943 \quad \Omega.$$

Individuati i nodi e fissati i versi positivi di riferimento per le correnti di lato, l'applicazione del metodo simbolico porta alla definizione della seguente rete

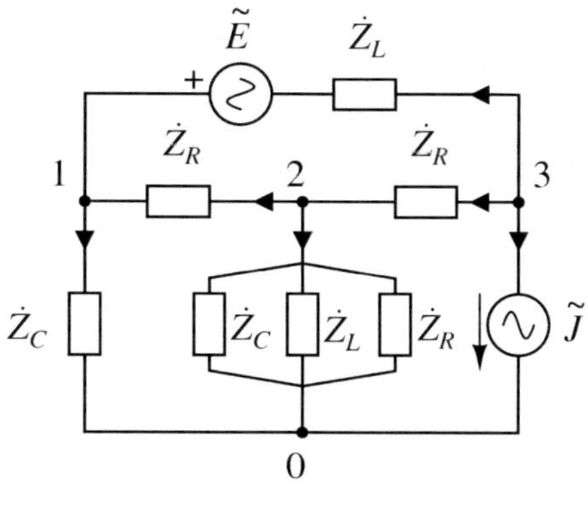

Per applicare il metodo dei nodi occorre rappresentare Norton tutti i lati (i.e., trasformare il generatore reale di tensione $\tilde{E}$ nel corrispondente generatore reale di corrente), modificando la rete come segue

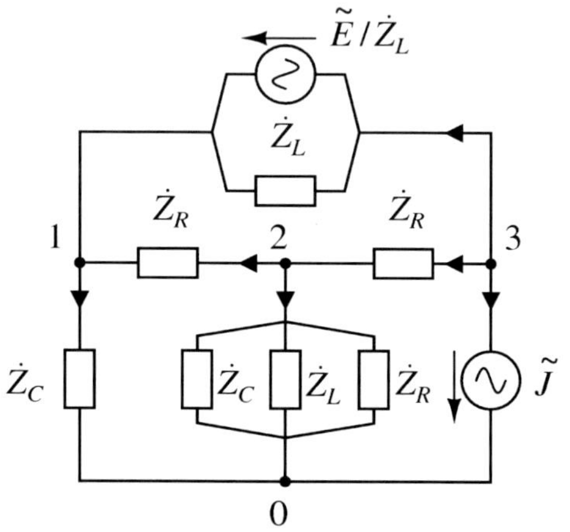

Il sistema risolvente, scritto direttamente in forma matriciale per ispezione visiva della rete, è

$$\begin{bmatrix} \frac{1}{\dot{Z}_R}+\frac{1}{\dot{Z}_L}+\frac{1}{\dot{Z}_C} & -\frac{1}{\dot{Z}_R} & -\frac{1}{\dot{Z}_L} \\ -\frac{1}{\dot{Z}_R} & \frac{3}{\dot{Z}_R}+\frac{1}{\dot{Z}_L}+\frac{1}{\dot{Z}_C} & -\frac{1}{\dot{Z}_R} \\ -\frac{1}{\dot{Z}_L} & -\frac{1}{\dot{Z}_R} & \frac{1}{\dot{Z}_R}+\frac{1}{\dot{Z}_L} \end{bmatrix} \begin{bmatrix} \tilde{V}_1 \\ \tilde{V}_2 \\ \tilde{V}_3 \end{bmatrix} = \begin{bmatrix} \frac{\tilde{E}}{\dot{Z}_L} \\ 0 \\ -\tilde{J}-\frac{\tilde{E}}{\dot{Z}_L} \end{bmatrix}$$

le cui soluzioni sono

$$\tilde{V}_1 = 173.82-j40.76 \text{ V};$$
$$\tilde{V}_2 = 79.28-j16.90 \text{ V};$$
$$\tilde{V}_3 = 23.46-j200.21 \text{ V}.$$

Le correnti e le tensioni di ramo della rete assegnata sono quindi

$\tilde{I}_{10} = \tilde{U}_{10}/\dot{Z}_C = 0.64+j2.73$ A $\qquad \tilde{U}_{10} = \tilde{V}_1 = 173.82-j40.76$ V

$\tilde{I}_{20 Z_C} = \tilde{U}_{20}/\dot{Z}_C = 0.27+j1.24$ A $\qquad \tilde{U}_{21} = \tilde{V}_2 - \tilde{V}_1 = -94.54+j23.85$ V

$\tilde{I}_{20 Z_R} = \tilde{U}_{20}/\dot{Z}_R = 1.59-j0.34$ A $\qquad \tilde{U}_{30} = \tilde{V}_3 = 23.46-j200.21$ V

$\tilde{I}_{20Z_L} = \tilde{U}_{20}/\dot{Z}_L = -1.08-j5.05$ A $\tilde{U}_{20} = \tilde{V}_2 = 79.28-j16.90$ V
$\tilde{I}_{30} = \tilde{J} = -1.41+j1.41$ A $\tilde{U}_{31} = \tilde{V}_3 - \tilde{V}_1 = -150.36-j159.46$ V
$\tilde{I}_{21} = \tilde{U}_{21}/\dot{Z}_R = -1.89+j0.48$ A $\tilde{U}_{32} = \tilde{V}_3 - \tilde{V}_2 = -55.82-j183.31$ V
$\tilde{I}_{32} = \tilde{U}_{32}/\dot{Z}_R = -1.12-j3.67$ A
$\tilde{I}_{31} = (\tilde{U}_{31} + \tilde{E})/\dot{Z}_L = 2.53+j2.25$ A

Il teorema di Boucherot risulta verificato

$$\tilde{U}_{10}\tilde{I}^*_{10}+\tilde{U}_{21}\tilde{I}^*_{21}+\tilde{U}_{20}(\tilde{I}^*_{20\dot{Z}_L}+\tilde{I}^*_{20\dot{Z}_R}+\tilde{I}^*_{20\dot{Z}_C})+\tilde{U}_{30}\tilde{I}^*_{30}+\tilde{U}_{32}\tilde{I}^*_{32}+\tilde{U}_{31}\tilde{I}^*_{31}\approx$$
$$\approx 0+j0 \text{ VA}.$$

Poiché $\tilde{I} = -\tilde{I}_{31}$, l'espressione nel tempo della $i(t)$ è

$$i(t) = \sqrt{2}\cdot 3.39\,\text{sen}(314t-2.41) \quad \text{A}.$$

SOLUZIONI PROPOSTE PER I QUESITI E GLI ESERCIZI DELL'ESAME ID # : 007

1° QUESITO

Il principio delle immagini elettriche afferma che una qualsiasi distribuzione di cariche, poste in un mezzo dielettrico di permittività ϵ e sopra ad un piano infinito perfettamente conduttore, è elettricamente equivalente alla combinazione della distribuzione assegnata e della sua configurazione immagine, rimuovendo il piano conduttore e considerando tutto lo spazio a permittività ε. Facendo riferimento alla configurazione assegnata in figura, cioè una carica isolata Q posta in un mezzo dielettrico a permittività ε e distante d da un piano perfettamente conduttore, essa è equivalente alla configurazione in cui il piano è rimosso, tutto lo spazio ha permittività ε e la carica immagine $-Q$ è distante $2d$ da Q.

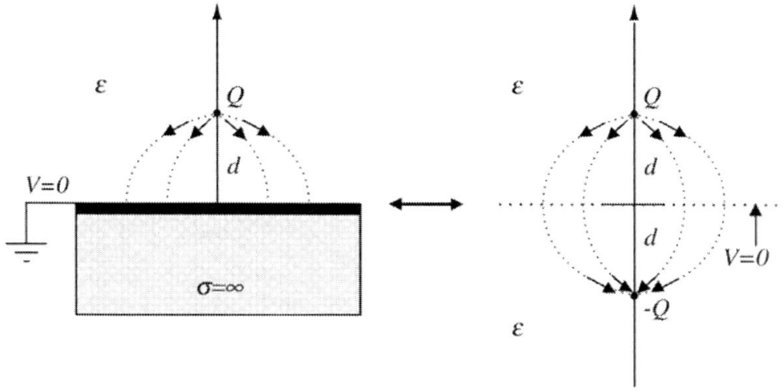

Il principio (o metodo) delle immagini trova applicazione nella soluzione analitica di problemi di elettrostatica, perché permette in maniera semplice, ad esempio nella configurazione in figura, di calcolare in qualsiasi punto il potenziale V, il campo elettrico **E** e lo spostamento elettrico **D**, senza dover risolvere analiticamente l'equazione di Poisson o di Laplace, le cui soluzioni, sebbene in linea di principio sempre determinabili, possono portare a grosse complicazioni matematiche.

2° QUESITO Si consideri un avvolgimento costituito da un conduttore filiforme Γ con sezione A e conducibilità σ

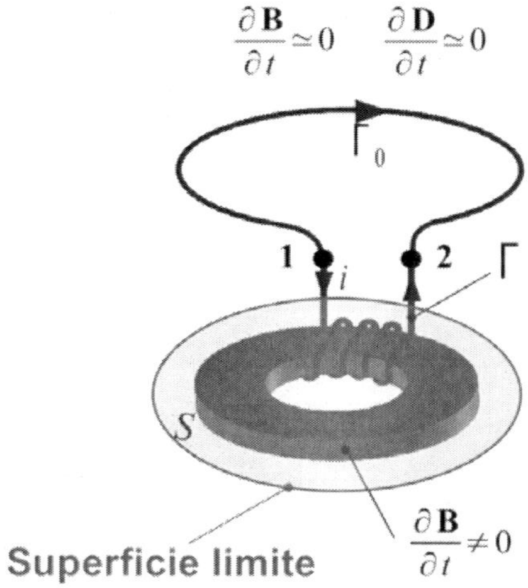

La derivata di **B** rispetto al tempo assume valori apprezzabilmente diversi da zero solo all'interno della superficie limite S, mentre la derivata di **D** rispetto al tempo può essere ovunque considerata nulla. La densità di corrente **J** è ovunque solenoidale ed ha lo stesso valore in ogni sezione del conduttore. All'esterno della superficie limite S il campo elettrico **E** è irrotazionale, per cui la tensione tra i terminali 1 e 2 dell'induttore può essere valutata integrando il campo elettrico lungo una linea Γ_0 esterna alla superficie S

$$u_{12} = \int_{\Gamma_0,12} \mathbf{E} \cdot \hat{\mathbf{t}}\, dl .$$

Applicando la legge di Ohm al conduttore Γ si ha

$$\int_{\Gamma,12} \mathbf{E} \cdot \hat{\mathbf{t}}\, dl = \int_{\Gamma,12} \frac{J}{\sigma} \frac{A}{A} dl = i \int_{\Gamma,12} \frac{dl}{\sigma A} = R\, i .$$

Se a primo membro si sottrae e si somma l'integrale di **E** su Γ_0

$$\int_{\Gamma,12} \mathbf{E} \cdot \hat{\mathbf{t}}\, dl - \int_{\Gamma_0,12} \mathbf{E} \cdot \hat{\mathbf{t}}\, dl + \int_{\Gamma_0,12} \mathbf{E} \cdot \hat{\mathbf{t}}\, dl = R\, i$$

i primi due termini rappresentano la circuitazione di **E** sulla linea chiusa formata da Γ e Γ_0, che per la legge di Faraday vale

$$\oint_{\Gamma \cup \Gamma_0} \mathbf{E} \cdot \hat{\mathbf{t}}\, dl = -\frac{d\Phi}{dt}$$

ove Φ è il flusso di **B** che si concatena con la linea chiusa. Essendo inoltre, all'esterno di *S*, la derivata di **B** rispetto al tempo trascurabile, il campo elettrico **E** è conservativo e quindi l'integrale non dipende da Γ_0; si può pertanto scrivere

$$-\frac{d\Phi}{dt} + u_{12} = R\,i\,.$$

Indicando con *L* l'induttanza dell'avvolgimento Γ si ha che

$$\Phi(t) = L\,i(t) \qquad \Rightarrow \qquad \frac{d\Phi}{dt} = L\frac{di}{dt}$$

da cui

$$u_{12} = R\,i + L\frac{di}{dt} = u_R + u_L$$

Nell'ipotesi che sia trascurabile la resistenza *R* dell'avvolgimento, la relazione costitutiva dell'induttore ideale, scritta in forma differenziale, diventa

$$u_{12} = L\frac{di}{dt}\,.$$

Integrando tale relazione rispetto al tempo *t* si ottiene

$$\int_{t_0}^{t} u_{12}(\tau)\, d\tau = \int_{t_0}^{t} L\frac{di(\tau)}{dt}\, d\tau \qquad \Rightarrow \qquad i(t) = \frac{1}{L}\int_{t_0}^{t} u_{12}(\tau)\, d\tau + i(t_0)$$

che è la relazione costitutiva dell'induttore in forma integrale, la quale esprime la corrente in funzione della tensione e consente di portare in conto eventuali condizioni di eccitazione iniziale del sistema elettromagnetico.

1° ESERCIZIO Nel passaggio da aria a ferro si conserva la componente di **B** normale alla superficie di separazione, cioè quella lungo l'asse z

$$\mathbf{B}_{n0}=\mathbf{B}_{nfe}=8\,\hat{\mathbf{z}}\ \ \mathrm{mT}$$

e la componente di **H** tangenziale alla superficie di separazione, cioè quella sul piano xy

$$\mathbf{H}_{t0}=\mathbf{H}_{tfe}=\frac{1}{\mu_0}(4\,\hat{\mathbf{x}}-6\,\hat{\mathbf{y}})\ \frac{\mathrm{A}}{\mathrm{m}}.$$

Mediante la relazione costitutiva dei mezzi magnetici, si determinano le componenti di **B** lungo gli assi x e y nel ferro

$$\mathbf{B}_{tfe}=\mu_{fe}\mathbf{H}_{tfe}=5000\frac{\mu_0}{\mu_0}(4\,\hat{\mathbf{x}}-6\,\hat{\mathbf{y}})\ \frac{\mathrm{A}}{\mathrm{m}}$$

per cui l'espressione completa dell'induzione **B** nel ferro è

$$\mathbf{B}_{fe}=20000\,\hat{\mathbf{x}}-30000\,\hat{\mathbf{y}}+8\,\hat{\mathbf{z}}\ \ \mathrm{mT}.$$

2° ESERCIZIO Essendo sia il motore trifase che i tre gruppi di carichi monofase equilibrati, si può far uso del circuito equivalente monofase (considerando tutti i carichi a stella)

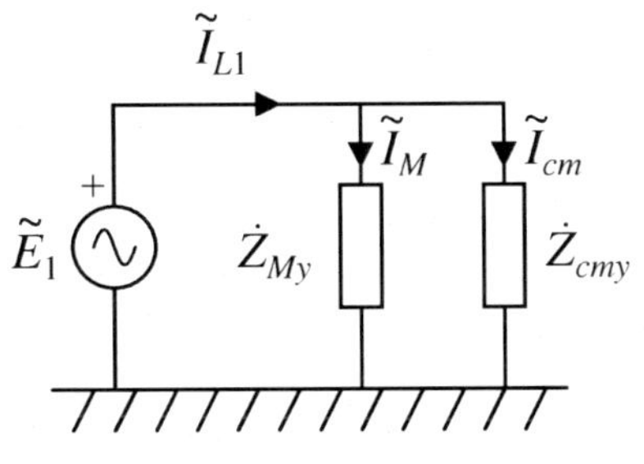

dove $\tilde{E}_1=\frac{U_n}{\sqrt{3}}=230$ V è la tensione di alimentazione, $\dot{Z}_{My}$ è l'impedenza del motore e $\dot{Z}_{cmy}$ l'impedenza dei carichi monofase.
La corrente $\tilde{I}_M$ assorbita dal motore trifase vale

$$\dot{S}_M = 3\tilde{E}_1 \tilde{I}_M^* \Rightarrow \tilde{I}_M = \frac{\dot{S}_M^*}{3\tilde{E}_1^*} = \frac{30000 - j\,20000}{3 \cdot 230} = 43.30 - j\,28.87 \quad \text{A}$$

mentre la corrente $\tilde{I}_{cm}$ assorbita da ogni gruppo di sei carichi monofase è

$$P_{cm} = 6 \cdot 4500 = 27000 \quad \text{W}$$
$$Q_{cm} = P_{cm} \tan(\varphi) = 27000 \cdot \tan(0.9) = 13076.7 \quad \text{VAR}$$
$$\tilde{I}_{cm} = \frac{\dot{S}_{cm}^*}{\tilde{E}_1^*} = \frac{27000 - j\,13076.7}{230} = 117.39 - j\,56.86 \quad \text{A}.$$

La potenza apparente complessa generata, che corrisponde a quella assorbita dai due carichi, poiché non sono presenti impedenze di linea, è perciò

$$\dot{S}_{gen} = 3\tilde{E}_1 \cdot (\tilde{I}_M^* + \tilde{I}_{cm}^*) = P_{gen} + jQ_{gen} = 111331.10 + j\,59390.44 \quad \text{VA}.$$

La capacità dei condensatori di rifasamento, da collegare a triangolo essendo la rete in bassa tensione, vale

$$C = \frac{P_{gen}\left(\frac{Q_{gen}}{P_{gen}} - \tan\varphi_r\right)}{3\omega U_n^2} \approx 79.3 \quad \mu\text{F}.$$

SOLUZIONI PROPOSTE PER I QUESITI E GLI ESERCIZI DELL'ESAME ID # : 008

1° QUESITO Partendo dalla quarta equazione di Maxwell

$$\nabla \times \mathbf{H} = \mathbf{J} + \frac{\partial \mathbf{D}}{\partial t}$$

applicando l'operatore divergenza ad ambo i membri

$$\nabla \cdot \nabla \times \mathbf{H} = \nabla \cdot \left(\mathbf{J} + \frac{\partial \mathbf{D}}{\partial t} \right) = \nabla \cdot \mathbf{J} + \nabla \cdot \frac{\partial \mathbf{D}}{\partial t}$$

ricordando che per il generico vettore **A** vale la relazione

$$\nabla \cdot \nabla \times \mathbf{A} = 0 \text{ e che } \nabla \cdot \mathbf{J} = -\frac{\partial \rho}{\partial t}$$

si può scrivere

$$\frac{\partial}{\partial t} \nabla \cdot \mathbf{D} - \frac{\partial \rho}{\partial t} = \frac{\partial}{\partial t} (\nabla \cdot \mathbf{D} - \rho) = 0 \quad \Rightarrow \nabla \cdot \mathbf{D} - \rho = costante.$$

Ipotizzando **D** e ρ ovunque nulli nell'istante di tempo iniziale, si ritrova la prima equazione di Maxwell

$$\nabla \cdot \mathbf{D} = \rho .$$

Partendo ora dalla terza equazione di Maxwell

$$\nabla \times \mathbf{E} = -\frac{\partial \mathbf{B}}{\partial t}$$

ed applicando l'operatore divergenza ad ambo i membri, si ottiene

$$\nabla \cdot \nabla \times \mathbf{E} = -\nabla \cdot \frac{\partial \mathbf{B}}{\partial t} .$$

Ricordando che per il generico vettore **A** vale la relazione

$$\nabla \cdot \nabla \times \mathbf{A} = 0$$

si può scrivere

$$\nabla \cdot \frac{\partial \mathbf{B}}{\partial t} = \frac{\partial}{\partial t} \nabla \cdot \mathbf{B} = 0 \quad \Rightarrow \nabla \cdot \mathbf{B} = costante.$$

Ipotizzando **B** ovunque nullo nell'istante di tempo iniziale, si ritrova la seconda equazione di Maxwell

$$\nabla \cdot \mathbf{B} = 0.$$

2° QUESITO

Si consideri una rete monofase che alimenta alla tensione imposta $\tilde{U}$ un carico rappresentato mediante un'impedenza equivalente $\dot{Z}$ di tipo resistivo-induttivo.

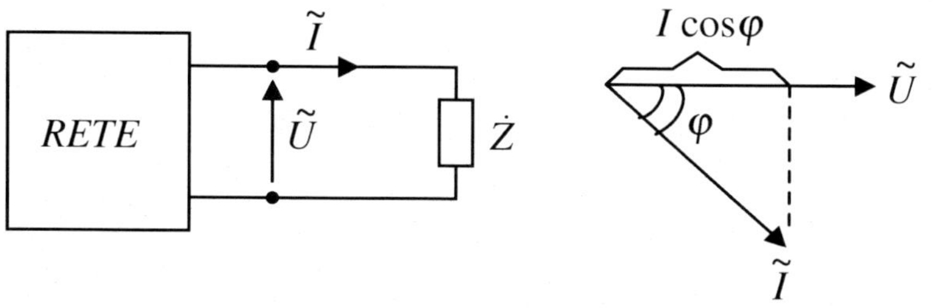

L'angolo di sfasamento, φ, fra la tensione e la corrente determina un f.d.p., $\cos\varphi$, inferiore all'unità ed in ritardo. In questa condizione di funzionamento, il carico assorbe una potenza attiva, $P = UI\cos\varphi$, che, a tensione imposta $\tilde{U}$, è proporzionale alla sola componente della corrente in fase con la tensione (i.e., $I_r = I\cos\varphi$). Contestualmente, assorbe una potenza reattiva, $Q = UI\,\mathrm{sen}\,\varphi$, che, sempre a tensione imposta $\tilde{U}$, è proporzionale alla sola componente della corrente in quadratura con la tensione (i.e., $I_q = I\,\mathrm{sen}\,\varphi$). A parità di potenza attiva assorbita dal carico (i.e., P = costante) è possibile ridurre la potenza reattiva che deve erogare la rete per coprire il fabbisogno del carico, fornendo localmente parte o tutta la potenza reattiva assorbita. Ciò può essere fatto collegando in parallelo al carico un condensatore avente capacità di opportuno valore. Infatti, la corrente richiamata dal condensatore, $\tilde{I}_c$, è in quadratura ed in anticipo rispetto alla tensione imposta $\tilde{U}$.

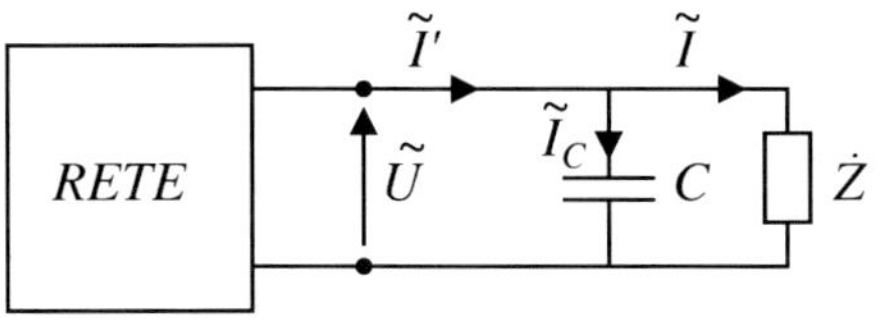

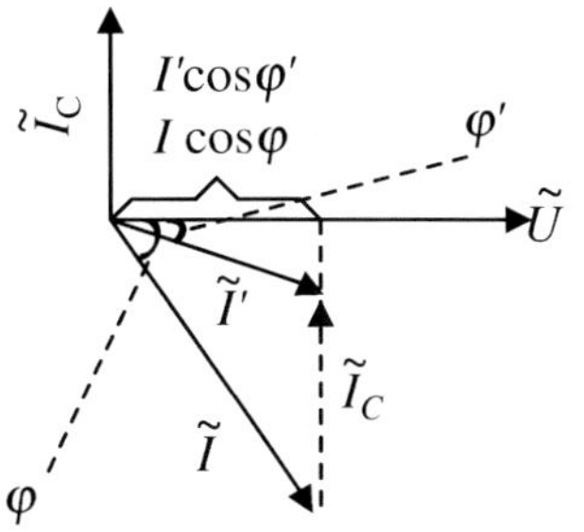

Sommando fasorialmente alla corrente assorbita dal condensatore, $\tilde{I}_c$, quella richiamata dal carico, $\tilde{I}$ (che a tensione imposta rimane invariata, così come la potenza attiva e quella reattiva da esso assorbite, che sono rispettivamente proporzionali alle sole componenti I_r ed I_q), si ottiene la corrente, $\tilde{I}'$, che in questa condizione di funzionamento è erogata dalla rete. Dal diagramma fasoriale si evince che, rimanendo invariata la componente della corrente $\tilde{I}'$ in fase con la tensione imposta (i.e., $I_r' = I'\cos\varphi' = I\cos\varphi = I_r$) rimane invariata anche la potenza attiva erogata dalla rete ed assorbita dal carico, mentre si riduce la potenza reattiva erogata dalla rete, essendosi ridotto l'angolo di sfasamento, φ', fra la tensione $\tilde{U}$ e la corrente $\tilde{I}'$: la potenza reattiva erogata dalla rete è infatti proporzionale alla componente della corrente in quadratura con la tensione, e risulta $I_q' = I'\,\text{sen}\,\varphi' < I\,\text{sen}\,\varphi = I_q$.
Diretta conseguenza della riduzione di potenza reattiva fornita dalla rete è la diminuzione del valore efficace della corrente da essa erogata (i.e., $I' < I$), a cui si possono legare le perdite per effetto Joule (proporzionali al quadrato della corrente) e le cadute di tensione (direttamente proporzionali alla corrente) all'interno della rete di alimentazione. Si può quindi affermare che il rifasamento consente, genericamente, di ridurre i costi di fornitura dell'energia a parità di condizioni di esercizio del carico (i.e., a parità di potenza attiva e reattiva da esso assorbite alla tensione imposta $\tilde{U}$) poiché si riducono sia le perdite (con il quadrato della corrente) che le cadute di tensione (proporzionali alla corrente).
Il valore da assegnare alla capacità del condensatore di rifasamento si determina con riferimento al vincolo imposto sul valore del fattore di potenza complessivo (i.e., dell'equivalente collegamento parallelo fra il condensatore ed il carico) nel punto di consegna dell'energia. Tipicamente, le società elettrofornitrici impongono alle utenze da esse alimentate fattori di potenza adeguatamente elevati anche se, per ragioni di esercizio, inferiori all'unità (normalmente 0,92). Il f.d.p. imposto, vincola la potenza reattiva (negativa) che il condensatore

deve assorbire localmente per coprire, almeno parzialmente, il fabbisogno del carico. Essendo $Q = P\tan\varphi$ il fabbisogno di potenza reattiva del carico (che è inizialmente pari anche alla potenza erogata reattiva dalla rete di alimentazione), se $Q' = P\tan\varphi'$ dovrà essere la potenza erogata dalla rete in modo tale da soddisfare il vincolo sul fattore di potenza nel punto di consegna, il condensatore dovrà localmente assorbire una potenza reattiva (negativa) tale che $Q' = Q + Q_c$. Ricordando l'espressione della potenza reattiva assorbita da un condensatore in funzione della sua capacità e della tensione ad esso applicata

$$Q_c = \frac{U^2}{X_c} = -\omega C U^2$$

il valore teorico da assegnare alla capacità del condensatore di rafasamento risulterà esprimibile come

$$P\tan\varphi' = P\tan\varphi - \omega C U^2$$

e cioè

$$C = \frac{P(\tan\varphi - \tan\varphi')}{\omega U^2}.$$

1° ESERCIZIO Il flusso per unità di lunghezza attraverso la superficie sottesa dai 2 conduttori vale

$$\Phi'_e = i\frac{\mu_0}{\pi}\ln\frac{d-r}{r} \Rightarrow L' = \frac{\mu_0}{\pi}\ln\frac{d-r}{r} = 1.912 \quad \frac{\mu\text{H}}{\text{m}}.$$

L'induttanza interna di ciascun conduttore vale

$$L'_i = \frac{\mu_0}{8\pi} = 0.05 \quad \frac{\mu\text{H}}{\text{m}}.$$

L'induttanza complessiva per unità di lunghezza della linea bifilare è quindi

$$L'_{tot} = L' + 2L'_i = 2.012 \quad \frac{\mu\text{H}}{\text{m}}.$$

2° ESERCIZIO Individuati i nodi e fissati i versi positivi di riferimento per le correnti di lato, la rete assegnata può essere ridisegnata come

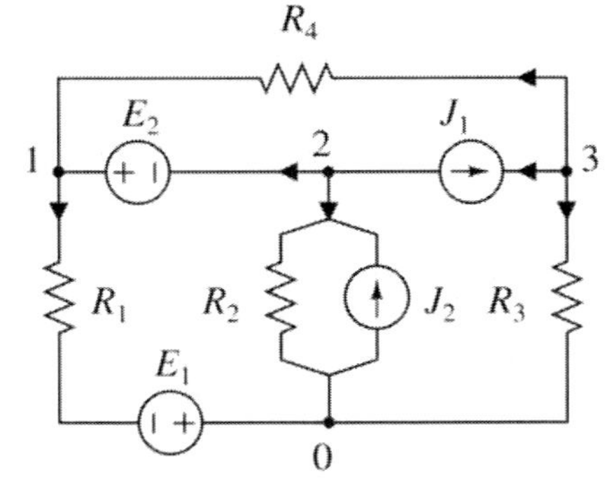

Scegliendo di risolvere la rete mediante il metodo delle maglie, occorre, in via prioritaria, rappresentare Thévenin tutti i lati, ciò implicando il preliminare spostamento del generatore ideale di corrente J_1, effettuato come indicato in figura

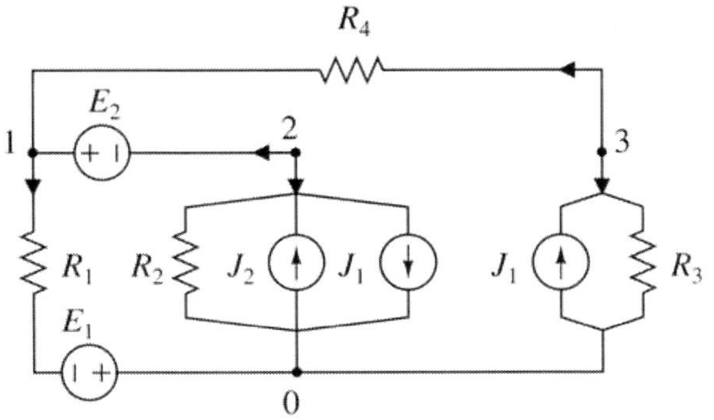

Rappresentando Thévenin tutti i lati (i.e., trasformando i generatori reali di corrente negli equivalenti generatori reali di tensione), si ottiene la seguente rete

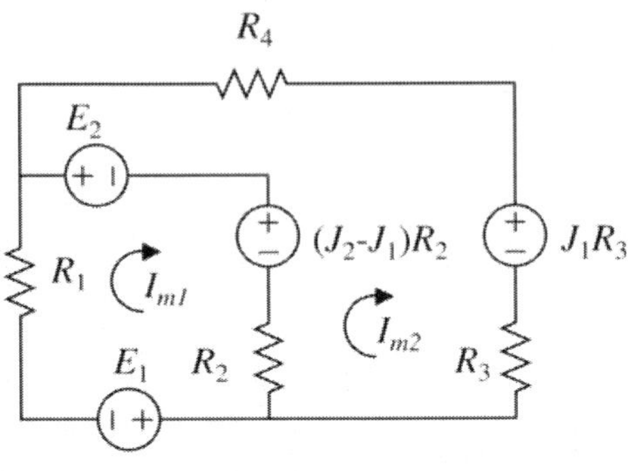

Il sistema risolvente, scritto in forma matriciale, è

$$\begin{bmatrix} R_1+R_2 & -R_2 \\ -R_2 & R_2+R_3+R_4 \end{bmatrix}\begin{bmatrix} I_{m1} \\ I_{m2} \end{bmatrix}=\begin{bmatrix} -E_1-E_2-(J_2-J_1)R_2 \\ E_2-J_1R_3+(J_2-J_1)R_2 \end{bmatrix}$$

da cui si ottiene

$I_{m1}=-2.6$ A;
$I_{m2}=-0.7$ A.

Le correnti e le tensioni di ramo della rete assegnata sono quindi

$I_{21}=I_{m2}-I_{m1}=1.9$ A
$I_{10}=-I_{m1}=2.6$ A
$I_{31}=-I_{m2}=0.7$ A
$I_{32}=-J_1=-1$ A
$I_{20J2}=-J_2=-0.5$ A
$I_{30}=J_1-I_{31}=0.3$ A
$I_{20R2}=U_{20}/R_2=-2.4$ A

$U_{21}=-E_2=-10$ V
$U_{31}=R_4I_{31}=3.5$ V
$U_{30}=R_3I_{30}=1.5$ V
$U_{10}=-E_1+R_1I_{10}=-2$ V
$U_{32}=U_{31}-U_{21}=13.5$ V
$U_{20}=U_{10}+U_{21}=-12$ V

Il teorema di Tellegen risulta verificato

$U_{10}I_{10}+U_{20}I_{20J2}+U_{20}I_{20R2}+U_{30}I_{30}+U_{21}I_{21}+U_{32}I_{32}+U_{31}I_{31}=0$

ovvero

$U_{10}I_{10}+U_{20}I_{20}+U_{30}I_{30}+U_{21}I_{21}+U_{32}I_{32}+U_{31}I_{31}=0.$

SOLUZIONI PROPOSTE PER I QUESITI E GLI ESERCIZI DELL'ESAME ID # : 009

1° QUESITO Dalla legge di Biot-Savart

$$\mathbf{B} = \frac{\mu I}{2\pi r}\hat{\mathbf{\phi}}$$

si deduce che l'intensità del campo magnetico nel dielettrico interposto tra i due conduttori ed a permeabilità magnetica μ costante, è esprimibile come

$$H = \frac{B}{\mu} = \frac{I}{2\pi r}$$

dove r è la distanza radiale dal centro del conduttore interno, con $a \leq r \leq b$, ed I è la corrente che scorre nel conduttore interno. L'energia magnetica immagazzinata nel cavo coassiale è quindi data da

$$W_m = \frac{1}{2}\int_V \mu H^2 dV = \frac{\mu I^2}{8\pi^2}\int_V \frac{1}{r^2} dV .$$

Essendo H solo funzione di r e potendo esprimere il volume infinitesimo come $dV = 2\pi r l dr$, si ottiene

$$W_m = \frac{\mu I^2}{8\pi^2}\int_a^b \frac{1}{r^2} 2\pi r l\, dr = \frac{\mu I^2 l}{4\pi}\ln\left(\frac{b}{a}\right).$$

2° QUESITO Supponendo assegnata la rete in figura

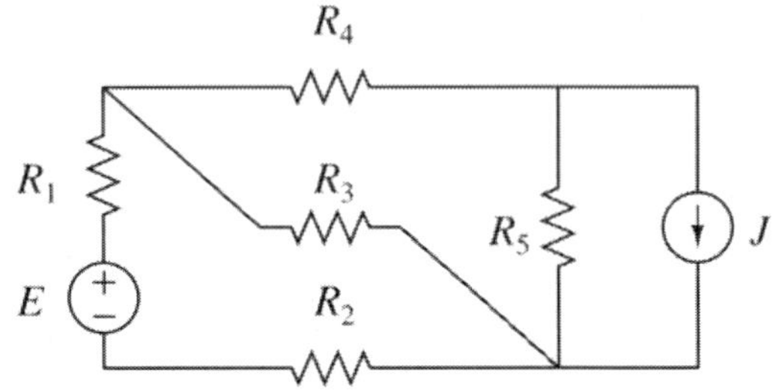

essendo $n=3$ il numero di nodi e $l=5$ il numero di lati, la soluzione della rete mediante il metodo generale di analisi impone di scrivere un sistema di $2l=10$ equazioni linearmente indipendenti: $l=5$ relazioni costitutive dei bipoli (i.e., 5 equazioni tipologiche), $p=n-1=2$ equazioni indipendenti ai nodi, ottenute imponendo la LKC, e $m=l-p=3$ equazioni indipendenti alle maglie, ottenute imponendo la LKT ai tre anelli interni della rete planare (i.e., complessivamente $l=5$ equazioni topologiche). Individuati i nodi e fissati i versi positivi di riferimento per le correnti di lato, individuati gli anelli e fissati i relativi versi positivi di percorrenza (e.g., il verso orario)

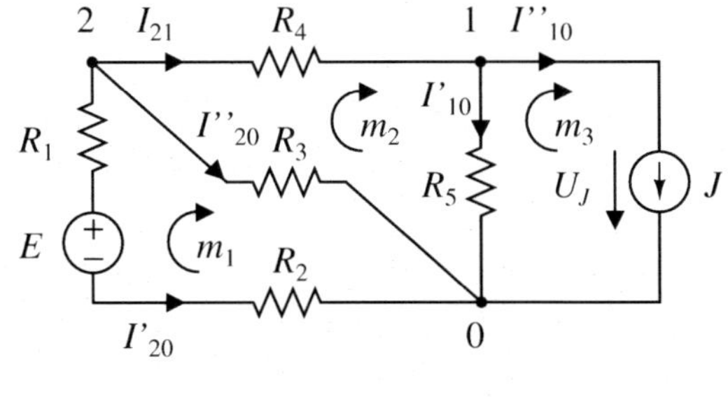

si può scrivere

Relazioni costitutive: $I''_{10}=J$

$U'_{10}=R_5 I'_{10}$

$U'_{20}=E+R_2 I'_{20}+R_1 I'_{20}$

$U''_{20}=R_3 I''_{20}$

$U_{21}=R_4 I_{21}$.

LKC: *Nodo* 1: $I_{21}-I'_{10}-I''_{10}=0$

Nodo 2: $-I'_{20}-I''_{20}-I_{21}=0$.

LKT:

$$\begin{aligned} &Maglia\ m_1:\ U'_{20}-U''_{20}=0\\ &Maglia\ m_2:\ U''_{20}-U_{21}-U'_{10}=0\\ &Maglia\ m_3:\ U'_{10}+U_J=0. \end{aligned}$$

Sostituendo le $l=5$ relazioni tipologiche nelle $l=5$ relazioni topologiche, si ottiene un sistema di $l=5$ equazioni in 5 incognite, che sono le 4 correnti I'_{10}, I'_{20}, I''_{20} e I_{21} e la tensione ai capi del generatore di corrente J

$$\begin{aligned} &I_{21}-I'_{10}-J=0\\ &-I'_{20}-I''_{20}-I_{21}=0\\ &E+R_2 I'_{20}+R_1 I'_{20}-R_3 I''_{20}=0\\ &R_3 I''_{20}-R_4 I_{21}-R_5 I'_{10}=0\\ &U_J+R_5 I'_{10}=0. \end{aligned}$$

1° ESERCIZIO Il circuito elettrico equivalente al circuito magnetico assegnato è

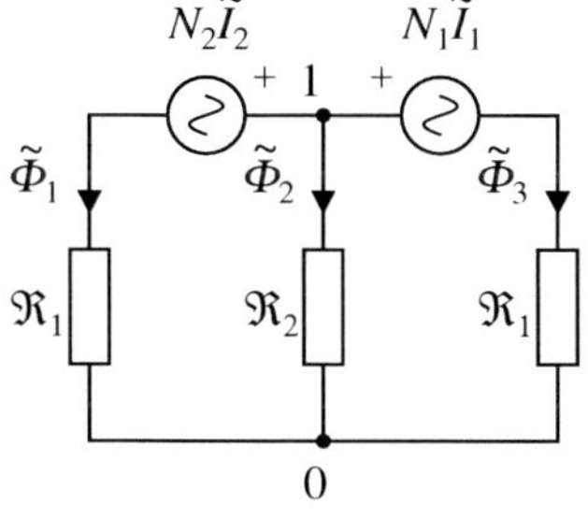

dove

$$\Re_1=\frac{\delta}{\mu_0 A}\approx 99471.84\ \frac{\text{A}}{\text{Wb}}$$
$$\Re_2=\frac{2\,\delta}{\mu_0 A}=2\,\Re_1\approx 198943.68\ \frac{\text{A}}{\text{Wb}}.$$

La tensione $u_2(t)$ si può calcolare attraverso la legge di Faraday, e cioè

$$u_2(t)=-\frac{d\,\Phi_{1c}(t)}{dt}$$

essendo $\Phi_{1c}(t)$ il flusso totale concatenato con le N_3 spire

dell'avvolgimento 2.
Per determinare il flusso $\tilde{\Phi}_1$ si può applicare la formula di Millman, osservando che $\tilde{I}_1 = \tilde{I}_2 = \tilde{I}$

$$\tilde{U}_{10} = \frac{\frac{\tilde{F}_2}{\Re_1} + \frac{\tilde{F}_1}{\Re_1}}{\frac{2}{\Re_1} + \frac{1}{2\Re_1}} = \frac{(N_2 + N_1)\tilde{I}}{2 + \frac{1}{2}} = 320\,\tilde{I}$$

$$\tilde{U}_{10} = \tilde{F}_2 + \tilde{\Phi}_1 \Re_1 \Rightarrow \tilde{\Phi}_1 = \frac{\tilde{U}_{10} - \tilde{F}_2}{\Re_1} = \frac{320\,\tilde{I} - 500\,\tilde{I}}{\Re_1} = \frac{-180\,\tilde{I}}{\Re_1}.$$

Noto $\tilde{\Phi}_1$ si può calcolare $\tilde{\Phi}_{1c}$

$$\tilde{\Phi}_{1c} = N_3 \tilde{\Phi}_1 = \frac{-180000\,\tilde{I}}{\Re_1}$$

e conseguentemente la tensione indotta $u_2(t)$

$$u_2(t) = -\frac{d\Phi_{1c}(t)}{dt} = \frac{180000}{\Re_1}\frac{d\,i(t)}{dt} = \sqrt{2}\frac{180000}{\Re_1}\cdot 5 \cdot 314 \cdot \cos(314t + \frac{\pi}{4}) =$$
$$= \sqrt{2} \cdot 2841.005 \cdot \cos(314t + \frac{\pi}{4}) \;\; \text{V}.$$

2° ESERCIZIO Essendo

$$\dot{Z}_{11} = \dot{Z}_{22} = \dot{Z}_{33}$$
$$\dot{Z}_{12} = \dot{Z}_{21} = \dot{Z}_{13} = \dot{Z}_{31} = \dot{Z}_{23} = \dot{Z}_{32}$$

si può scrivere

$$\dot{Z}_d = \dot{Z}_{11} + \dot{\alpha}^2\,\dot{Z}_{12} + \dot{\alpha}\,\dot{Z}_{12}$$
$$\dot{Z}_i = \dot{Z}_{11} + \dot{\alpha}\,\dot{Z}_{12} + \dot{\alpha}^2\,\dot{Z}_{12}$$
$$\dot{Z}_0 = \dot{Z}_{11} + \dot{Z}_{12} + \dot{Z}_{12}$$

Poiché vale la relazione $1 + \dot{\alpha} + \dot{\alpha}^2 = 0$, si ricava che $\dot{\alpha} + \dot{\alpha}^2 = -1$, da cui si ottiene

$$\dot{Z}_d = \dot{Z}_{11} - \dot{Z}_{12} = 1.317 + j\,4.041 \;\; \Omega$$
$$\dot{Z}_i = \dot{Z}_{11} - \dot{Z}_{12} = 1.317 + j\,4.041 \;\; \Omega$$
$$\dot{Z}_0 = \dot{Z}_{11} + 2\dot{Z}_{12} = 1.317 + j\,13.383 \;\; \Omega.$$

SOLUZIONI PROPOSTE PER I QUESITI E GLI ESERCIZI DELL'ESAME ID # : 010

1° QUESITO

La prima equazione di Maxwell (ovvero la legge di Gauss per il campo elettrico) afferma che il flusso dell'induzione elettrica **D**, attraverso una superficie chiusa *S*, è proporzionale alla carica totale $Q(t)$, contenuta nel volume *V* racchiuso dalla superficie *S*, e cioè

$$\oiint_S \mathbf{D}\cdot\hat{\mathbf{n}}\, dS = Q.$$

In forma differenziale l'equazione è

$$\nabla\cdot\mathbf{D} = \rho .$$

Integrando nel volume *V* ambo i membri si ottiene

$$\oiiint_V \nabla\cdot\mathbf{D}\, dV = \oiiint_V \rho\, dV .$$

Applicando il teorema della divergenza si deduce la forma integrale della prima equazione di Maxwell, e cioè

$$\oiint_S \mathbf{D}\cdot\hat{\mathbf{n}}\, dS = Q.$$

La seconda equazione di Maxwell (ovvero la legge di Gauss per il campo magnetico) afferma che il flusso dell'induzione magnetica **B**, attraverso una superficie chiusa *S*, è sempre nullo, e cioè

$$\oiint_S \mathbf{B}\cdot\hat{\mathbf{n}}\, dS = 0.$$

In forma differenziale l'equazione è

$$\nabla\cdot\mathbf{B} = 0.$$

Integrando nel volume *V* ambo i membri si ottiene

$$\oiiint_V \nabla \cdot \mathbf{B}\, dV = 0.$$

Applicando il teorema della divergenza si deduce la forma integrale della seconda equazione

$$\oiint_S \mathbf{B} \cdot \hat{\mathbf{n}}\, dS = 0.$$

2° QUESITO

Introdotto l'operatore complesso

$$\dot{\alpha} = e^{j\frac{2}{3}\pi}$$

la matrice di Fortesque è

$$[F] = \begin{bmatrix} 1 & 1 & 1 \\ \dot{\alpha}^2 & \dot{\alpha} & 1 \\ \dot{\alpha} & \dot{\alpha}^2 & 1 \end{bmatrix}.$$

Data una terna qualsiasi di fasori $\tilde{A}_1$, $\tilde{A}_2$ ed $\tilde{A}_3$, in generale dissimetrica, essa può essere espressa tramite la matrice di Fortesque come somma di tre terne, dette terne di sequenza: la terna simmetrica diretta, $\tilde{A}_d$, la terna simmetrica inversa, $\tilde{A}_i$, e la terna omopolare, $\tilde{A}_0$. In forma matriciale si ottiene

$$\begin{bmatrix} \tilde{A}_1 \\ \tilde{A}_2 \\ \tilde{A}_3 \end{bmatrix} = \begin{bmatrix} 1 & 1 & 1 \\ \dot{\alpha}^2 & \dot{\alpha} & 1 \\ \dot{\alpha} & \dot{\alpha}^2 & 1 \end{bmatrix} \begin{bmatrix} \tilde{A}_d \\ \tilde{A}_i \\ \tilde{A}_0 \end{bmatrix}.$$

Da questa formulazione si deduce immediatamente che le terne di sequenza si possono esprimere in funzione della terna dissimmetrica di fasori invertendo la matrice di Fortesque, e cioè

$$\begin{bmatrix} \tilde{A}_d \\ \tilde{A}_i \\ \tilde{A}_0 \end{bmatrix} = \begin{bmatrix} 1 & 1 & 1 \\ \dot{\alpha}^2 & \dot{\alpha} & 1 \\ \dot{\alpha} & \dot{\alpha}^2 & 1 \end{bmatrix}^{-1} \begin{bmatrix} \tilde{A}_1 \\ \tilde{A}_2 \\ \tilde{A}_3 \end{bmatrix} = \frac{1}{3} \begin{bmatrix} 1 & \dot{\alpha} & \dot{\alpha}^2 \\ 1 & \dot{\alpha}^2 & \dot{\alpha} \\ 1 & 1 & 1 \end{bmatrix} \begin{bmatrix} \tilde{A}_1 \\ \tilde{A}_2 \\ \tilde{A}_3 \end{bmatrix}.$$

1° ESERCIZIO L'espressione generale dell'induzione magnetica prodotta dalla corrente I_1 è

$$\mathbf{B}=\frac{\mu_0 I_1}{2\pi y}(-\hat{\mathbf{x}}).$$

L'espressione generale della f.e.m. indotta sulla spira è invece esprimibile come

$$e=\oint_l (\mathbf{v}\times\mathbf{B})\cdot d\mathbf{l}$$

ove il vettore $d\mathbf{l}$ è orientato lungo la spira nel verso di I_2. Poiché il prodotto vettoriale $\mathbf{v}\times\mathbf{B}$ fornisce un vettore orientato come $\hat{z}$, il termine $(\mathbf{v}\times\mathbf{B})\cdot d\mathbf{l}$ è diverso da 0 solo nei due tratti di lunghezza a, ove $d\mathbf{l}$ è orientato secondo la direzione dell'asse z. Possiamo quindi scrivere

$$e=e_1+e_2=\frac{v\mu_0 I_1 a}{2\pi}\left(\frac{1}{y_0}-\frac{1}{y_0+b}\right)=\frac{v\mu_0 I_1 ab}{2\pi}\frac{1}{y_0(y_0+b)}.$$

La resistenza della spira è esprimibile come

$$R=\frac{2\rho}{A}(a+b)$$

per cui la corrente I_2 vale

$$I_2=\frac{e}{R}=\frac{v\mu_0 I_1 ab}{2\pi}\frac{1}{y_0(y_0+b)}\cdot\frac{A}{2\rho(a+b)}=\frac{1}{y_0(y_0+0.1)}\cdot 10^{-6}\ \text{A}.$$

2° ESERCIZIO Per applicare il metodo dei nodi, individuati i nodi e fissati i versi positivi di riferimento per le correnti di lato, è opportuno, in via prioritaria, trasformare Norton tutti i lati della rete. Allo scopo

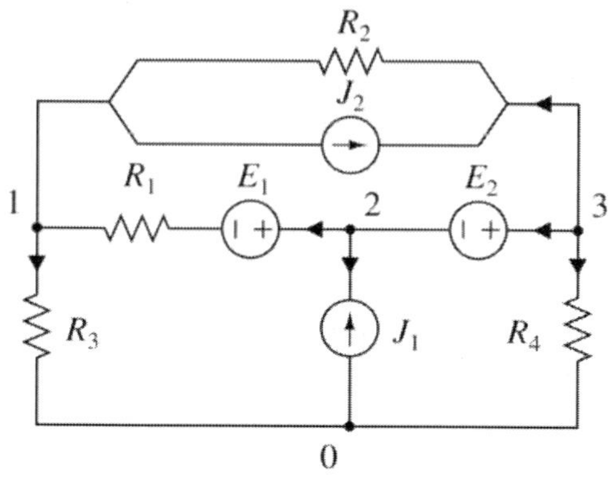

si procede allo spostamento del generatore ideale di tensione E_2, ottenendo

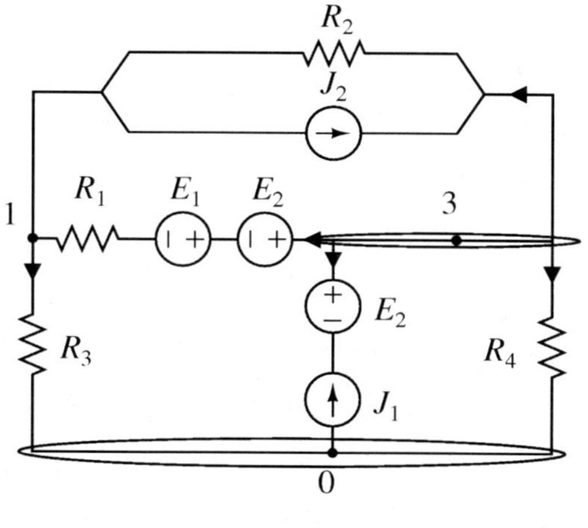

Trasformando ora tutti i generatori reali di tensione presenti nella rete negli equivalenti Norton (i.e., nei corrispondenti generatori reali di corrente), si ottiene la rete elettricamente equivalente alla rete assegnata, definita come segue

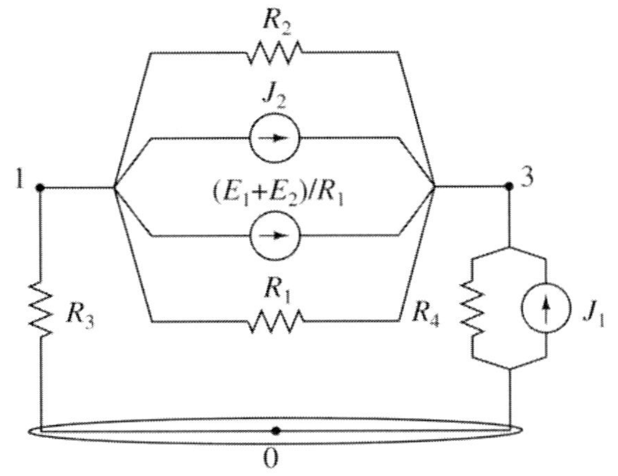

Il sistema risolvente, scritto in forma matriciale per ispezione visiva della rete, è

$$\begin{bmatrix} \frac{1}{R_1}+\frac{1}{R_3}+\frac{1}{R_2} & -\frac{1}{R_1}-\frac{1}{R_2} \\ -\frac{1}{R_1}-\frac{1}{R_2} & \frac{1}{R_1}+\frac{1}{R_4}+\frac{1}{R_2} \end{bmatrix} \begin{bmatrix} V_1 \\ V_3 \end{bmatrix} = \begin{bmatrix} -\frac{E_1+E_2}{R_1}-J_2 \\ \frac{E_1+E_2}{R_1}+J_1+J_2 \end{bmatrix}$$

le cui soluzioni sono

$$V_1=-7.2\ \text{V};$$
$$V_3=17.2\ \text{V}.$$

Inoltre essendo $V_3-V_2=E_2$, si ottiene $V_2=V_3-E_2=5.2$ V.
Le correnti e le tensioni di ramo della rete assegnata sono quindi

$U_{10}=V_1-V_0=-7.2$ V	$I_{10}=U_{10}/R_3=-0.72$ A
$U_{20}=V_2-V_0=5.2$ V	$I_{20}=-J_1=-1$ A
$U_{30}=V_3-V_0=17.2$ V	$I_{30}=U_{30}/R_4=1.72$ A
$U_{21}=V_2-V_1=12.4$ V	$I_{21}=(U_{21}-E_1)/R_1=-1.16$ A
$U_{31}=V_3-V_1=24.4$ V	$I_{32}=I_{20}+I_{21}=-2.16$ A
$U_{32}=V_3-V_2=12$ V	$I_{31J2}=-J_2=-2$ A
	$I_{31R2}=U_{31}/R_2=2.44$ A

SOLUZIONI PROPOSTE PER I QUESITI E GLI ESERCIZI DELL'ESAME ID #: 011

1° QUESITO

Si consideri un circuito elettrico elementare (tubo di flusso filiforme chiuso), avente Γ_1 come linea mediana, interessato dal passaggio della corrente di conduzione I_1 ed immerso in un mezzo omogeneo, isotropo e lineare.

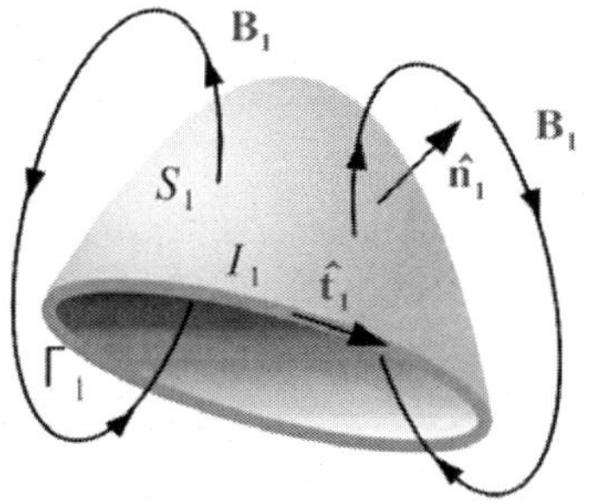

Senza scapito di generalità, assumiamo che il verso di riferimento positivo della corrente coincida con il verso di riferimento positivo di percorrenza del circuito, individuato dal versore $\hat{\mathbf{t}}_1$ tangente alla linea chiusa Γ_1. Sia S_1 la superficie aperta che ha per contorno il circuito elettrico elementare ed $\hat{\mathbf{n}}_1$ la sua normale, orientata in accordo con la regola della mano destra (applicata al verso positivo di percorrenza del circuito elementare). La relazione che descrive il campo magnetico generato dalla corrente I_1 è lineare, pertanto il flusso dell'induzione magnetica che si concatena con il circuito elettrico elementare, Φ_{11}, è direttamente proporzionale alla corrente I_1 che scorre nel circuito stesso. Al coefficiente di proporzionalità che lega corrente e flusso concatenato

$$L_1 = \frac{\iint_{S_1} \mathbf{B}_1 \cdot \hat{\mathbf{n}}_1 \, dS}{I_1} = \frac{\Phi_{11}}{I_1}$$

si da il nome di ***autoinduzione*** o ***induttanza propria*** del circuito (misurata in Henry, H). In base ai possibili orientamenti di $\mathbf{B}_1$ e S_1, si evince che l'autoinduzione ha sempre segno positivo.

Si consideri ora anche un secondo circuito avente Γ_2 come linea mediana

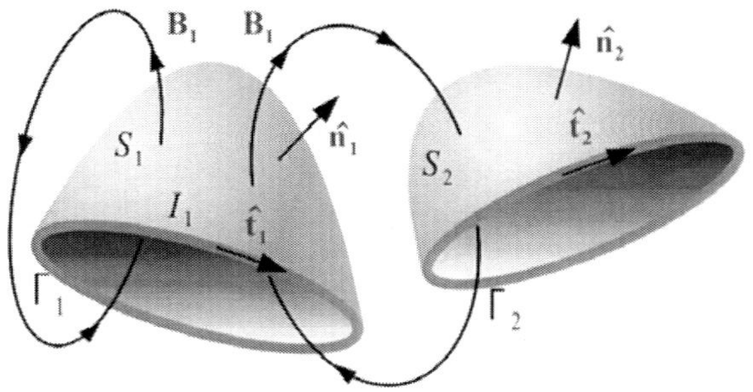

Siano $\hat{\mathbf{t}}_2$ e $\hat{\mathbf{n}}_2$ i corrispondenti versori definiti per il primo circuito. Si supponga che il primo circuito sia interessato dal passaggio della corrente I_1. Al coefficiente di proporzionalità che lega il flusso dell'induzione magnetica Φ_{21}, generato da I_1 e concatenato con Γ_2, si da il nome di ***mutua induzione*** o ***induttanza mutua*** (misurata in Henry, H)

$$M_{21} = \frac{\iint_{S_2} \mathbf{B}_1 \cdot \hat{\mathbf{n}}_2 \, dS}{I_1} = \frac{\Phi_{21}}{I_1}.$$

In base ai possibili orientamenti di $\mathbf{B}_1$ e S_2, si evince che la mutua induzione può avere segno positivo o negativo.
Se ad essere alimentato dalla corrente I_2 diretta come il versore $\hat{\mathbf{t}}_2$ è il circuito elettrico elementare Γ_2, si potranno, anche per il secondo circuito, definire i coefficienti di proporzionalità

$$L_2 = \frac{\iint_{S_2} \mathbf{B}_2 \cdot \hat{\mathbf{n}}_2 \, dS}{I_1} = \frac{\Phi_{22}}{I_2}$$

$$M_{12} = \frac{\iint_{S_1} \mathbf{B}_2 \cdot \hat{\mathbf{n}}_1 \, dS}{I_2} = \frac{\Phi_{12}}{I_2}.$$

I coefficienti di auto e mutua induzione sono indipendenti dalla corrente: essi dipendono unicamente dalla geometria del sistema e dalle caratteristiche magnetiche del mezzo. Inoltre si può dimostrare che $M_{12}=M_{21}$: basti qui dire che ciò è facilmente intuibile, essendo

unico il tubo di flusso dell'induzione magnetica che si concatena con entrambe i circuiti elettrici elementari.
In base a quanto esposto e generalizzando al caso di N circuiti elettrici elementari, si espongono di seguito le definizioni e le formule di calcolo generali dei coefficienti di auto e mutua induzione.
Il coefficiente di autoinduzione L_k rappresenta il rapporto fra il flusso concatenato con il circuito k-esimo e la corrente che in esso vi scorre, quando tutte le altre correnti sono nulle, cioè

$$L_k = \left(\frac{\Phi_{kc}}{I_k} \right)_{I_j = 0\ \forall\ j \neq k} .$$

Il coefficiente di mutua induzione M_{hk} rappresenta il rapporto fra il flusso concatenato con il circuito h-esimo e la corrente che scorre nel circuito k-esimo, quando tutte le altre correnti sono nulle, cioè

$$M_{hk} = \left(\frac{\Phi_{hc}}{I_k} \right)_{I_j = 0\ \forall\ j \neq k} \qquad M_{hk} = M_{kh} .$$

2° QUESITO Data la grandezza sinusoidale

$$a(t) = \sqrt{2} A \operatorname{sen}(\omega t + \varphi)$$

in cui A è il valore efficace, $\omega = 2\pi f$ la pulsazione (essendo f la frequenza) e φ la fase, si può stabilire una corrispondenza biunivoca tra essa e il numero complesso $\tilde{A}$, detto fasore, definito come

$$\tilde{A} = A e^{j\varphi} = A(\cos\varphi + j \operatorname{sen}\varphi).$$

Assegnata una rete in cui i generatori di corrente e tensione sono tutti di tipo sinusoidale e isofrequenziali (cioè correnti e tensioni sono generate alla stessa frequenza *f*), è possibile svolgerne l'analisi, anziché nel dominio del tempo (risolvendo un sistema di equazioni che in generale sono integro-differenziali), operando nel campo complesso

1. si trasformano i generatori di tensione e corrente nei corrispondenti fasori (riguardo a questa operazione, occorre che tutte le funzioni siano espresse in modo omogeneo, cioè o tutte in seno o tutte in coseno);

2. si esprimono i componenti passivi (i.e. resistori, induttori e condensatori) con le rispettive impedenze;
3. si risolve il sistema lineare a coefficienti complessi che equivale al sistema di equazioni differenziali che descrive il comportamento della rete, determinando i fasori incogniti delle tensioni e delle correnti di ciascun ramo;
4. si antitrasformano i fasori, per ottenere le funzioni sinusoidali incognite ad essi associate.

1° ESERCIZIO La corrente di conduzione i_c è esprimibile come

$$R=\frac{1}{\sigma}\cdot\frac{d}{A}=10\ \ \Omega$$

$$i_c(t)=\frac{u(t)}{R}=\cos(3\pi\cdot 10^3 t)\ \ \text{A}.$$

La corrente di spostamento i_d è invece esprimibile come

$$C=\varepsilon\frac{A}{d}=1.417\cdot 10^{-12}\ \ \text{F}$$

$$i_d(t)=J_d\cdot A=\varepsilon A\frac{\partial E}{\partial t}=\varepsilon\frac{A}{d}\frac{\partial U}{\partial t}=C\frac{\partial U}{\partial t}\approx -0.13\cdot\text{sen}(3\pi\cdot 10^3 t)\ \ \mu\text{A}.$$

La rappresentazione circuitale del componente "condensatore reale" è la seguente

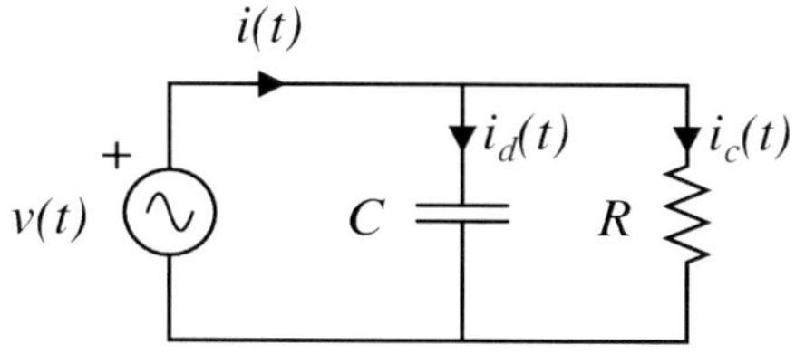

2° ESERCIZIO Per rispondere al quesito, conviene applicare il teorema di Thévenin ai capi della resistenza R_4 alla quale, successivamente, si sostituisce il generatore E_x, ottenendo così il semplice circuito in figura

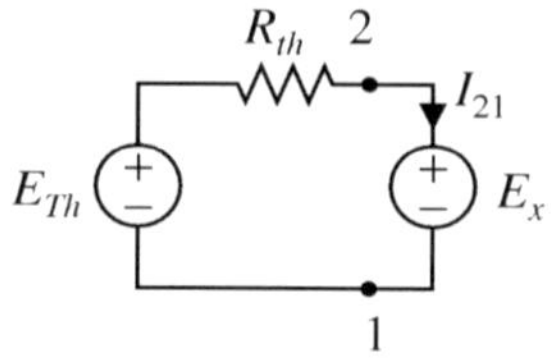

da cui si deduce immediatamente che, affinché non scorra corrente tra i nodi 2 e 1, deve essere E_x=E_{Th} (il calcolo di R_{Th} è quindi, in questo caso, del tutto superfluo).
Per il calcolo della E_{Th} si deve risolvere il seguente circuito

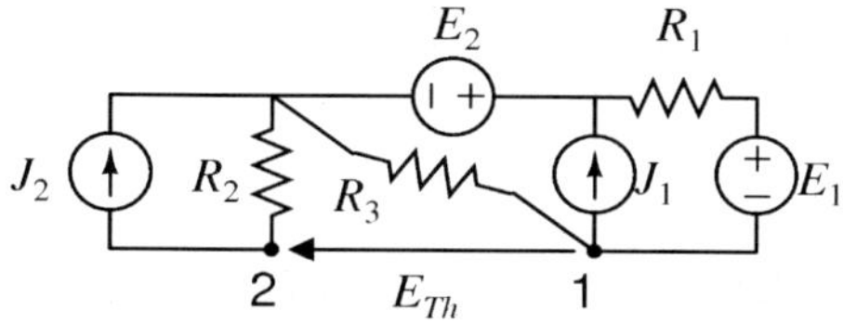

in cui la E_{Th} da calcolare è la differenza di potenziale tra i nodi 2 e 1 a circuito aperto. Scegliendo di risolvere col metodo delle maglie, si sposta il generatore ideale di corrente J_1 nel modo indicato in figura

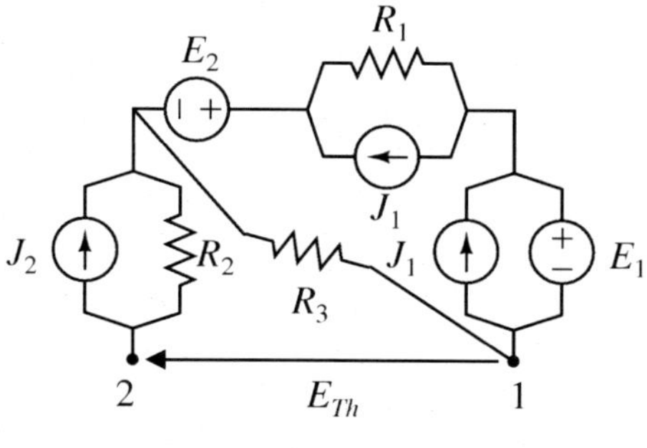

La rete equivalente da risolvere è quindi

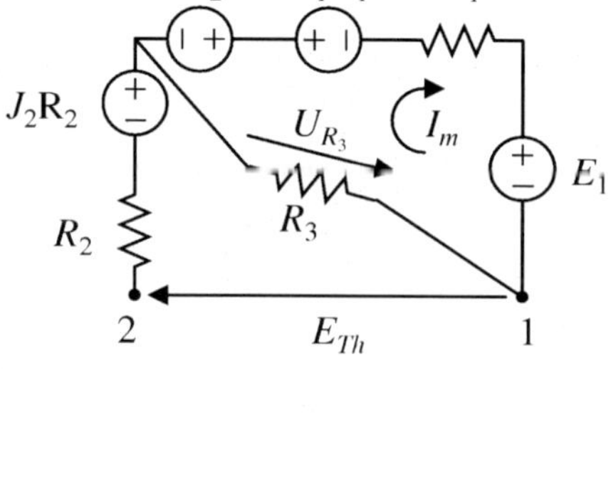

in cui $E_{th}=V_2-V_1=-J_2R_2-U_{R3}$ ed essendo $U_{R3}=I_mR_3$ si ottiene

$$I_m=\frac{E_2-E_1-J_1R_1}{R_1+R_3}=0.08\bar{3}\ \text{A}$$

da cui

$$U_{R3}=1.25\ \text{V}$$

cioè

$$E_{Th}=-23.75\ \text{V}$$

e quindi

$$E_x=-23.75\ \text{V}.$$

SOLUZIONI PROPOSTE PER I QUESITI E GLI ESERCIZI DELL'ESAME ID # : 012

1° QUESITO

In un dielettrico ideale $(\sigma=0)$ privo di cariche elettriche $(\rho=0)$, la dipendenza spazio-temporale delle quantità di campo deve obbedire alla terza e alla quarta equazione di Maxwell

$$\nabla\times\mathbf{E}=-\frac{\partial\mathbf{B}}{\partial t}\qquad\qquad\nabla\times\mathbf{H}=\mathbf{J}+\frac{\partial\mathbf{D}}{\partial t}$$

che, introducendo le relazioni costitutive dei mezzi e in assenza delle correnti macroscopiche di conduzione (**J**=0), diventano

$$\nabla\times\mathbf{E}=-\mu\frac{\partial\mathbf{H}}{\partial t}\qquad\qquad\nabla\times\mathbf{H}=\varepsilon\frac{\partial\mathbf{E}}{\partial t}.$$

Dalle due precedenti equazioni vettoriali nelle due incognite **E** ed **H** si può eliminare il campo magnetico, applicando prima l'operatore di rotore ad ambo membri della prima equazione, poi, dopo aver invertito l'ordine di derivazione, sostituendo l'espressione del rotore di **H**

$$\nabla\times\nabla\times\mathbf{E}=-\mu\nabla\times\frac{\partial\mathbf{H}}{\partial t}=-\mu\frac{\partial}{\partial t}\nabla\times\mathbf{H}\Rightarrow\nabla\times\nabla\times\mathbf{E}=-\varepsilon\mu\frac{\partial^2\mathbf{E}}{\partial t^2}.$$

Poiché sussiste l'identità vettoriale $\nabla\times\nabla\times\mathbf{A}=\nabla\nabla\cdot\mathbf{A}-\nabla^2\mathbf{A}$ e ricordando che in assenza di cariche è $\nabla\cdot\mathbf{E}=0$, segue

$$\nabla^2\mathbf{E}=\varepsilon\mu\frac{\partial^2\mathbf{E}}{\partial t^2}$$

che è l'equazione d'onda per il campo elettrico. All'analoga espressione per il campo magnetico si perviene eliminando il campo elettrico **E** dalla quarta equazione di Maxwell, ottenendo

$$\nabla^2\mathbf{H}=\varepsilon\mu\frac{\partial^2\mathbf{H}}{\partial t^2}.$$

Lo studio dei campi elettromagnetici attraverso le equazioni d'onda diviene necessario quando la rapidità di variazione di una perturbazione elettromagnetica diventa dello stesso ordine di grandezza del tempo di propagazione (o del ritardo) all'interno di un sistema, ovvero quando la massima lunghezza d'onda della perturbazione diviene dello stesso ordine di grandezza delle dimensioni lineari del sistema: in questo caso i campi tempo-varianti perdono la loro natura quasi-statica, distaccandosi dalla sorgente che li ha generati e propagandosi nello spazio, secondo un meccanismo di auto-sostentamento espresso dalla terza e quarta equazione di Maxwell (le variazioni nel tempo e nello spazio di **H** generano un campo **E** che a sua volta varia nel tempo e nello spazio, sostenendo la propagazione dell'onda). Infine, le equazioni d'onda appena ricavate descrivono la propagazione dei campi elettromagnetici in un dielettrico ideale e privo di cariche elettriche: con queste ipotesi la velocità di propagazione dell'onda equivale a quella della luce nel vuoto, cioè

$$v=c=\frac{1}{\sqrt{(\mu\varepsilon)}}.$$

2° QUESITO Si consideri un condensatore costituito da due piatti piani sui quali la densità di carica assuma valori diversi da zero.

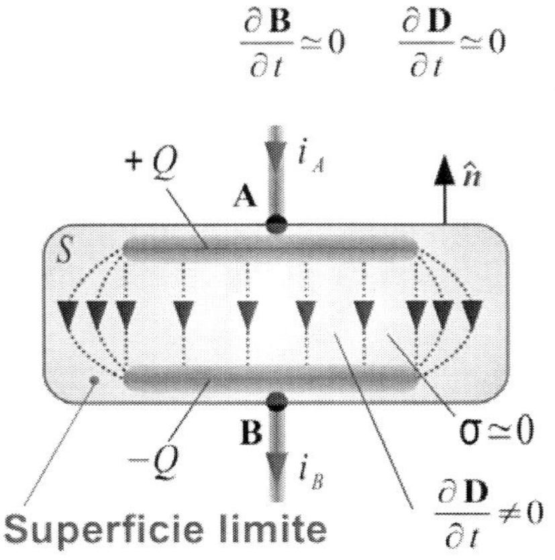

La derivata di **D** rispetto a t assume valori apprezzabilmente diversi da zero solo all'interno della superficie limite S, mentre la derivata di **B** rispetto a t può essere considerata ovunque nulla.

Se si considera una linea chiusa L concatenata con la corrente i_A e contorno di due superfici S_1 ed S_2, delle quali la prima esterna al condensatore e la seconda passante fra le sue armature

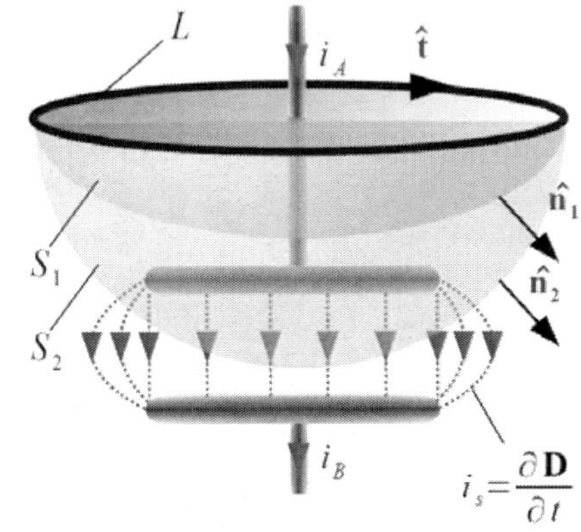

$$\nabla \cdot \mathbf{J}_t = \nabla \cdot \left(\mathbf{J} + \frac{\partial \mathbf{D}}{\partial t} \right) = 0$$

si ha

$$\oint_{S_1 \cup S_2} \left(\mathbf{J} + \frac{\partial \mathbf{D}}{\partial t} \right) \cdot \hat{\mathbf{n}}\, dS = 0 \;\Rightarrow\; \iint_{S_1} \boldsymbol{J} \cdot \hat{\mathbf{n}}_1 dS = \iint_{S_2} \frac{\partial \mathbf{D}}{\partial t} \cdot \hat{\mathbf{n}}_2 dS \;\Rightarrow\; i_A = i_s .$$

La corrente di spostamento attraverso la superficie limite S è nulla, e quindi la $\mathbf{J}$ è su di essa solenoidale: la corrente i_A è quindi uguale in ogni istante alla corrente i_B, per cui $i_A = i_B = i_s = i$. Il campo elettrico nel condensatore è quasi-stazionario; indicando con C la capacità del condensatore, la differenza di potenziale ai suoi capi è

$$u_{AB}(t) = -\int_A^B \mathbf{E} \cdot \hat{\mathbf{t}}\, dl = \frac{Q(t)}{C} .$$

Applicando l'equazione di continuità alla superficie S_A si ha

$$i_A = i_B = i = -\oiint_{S_A} \mathbf{J} \cdot \hat{\mathbf{n}}_A dS = \frac{dQ(t)}{dt} .$$

Combinando insieme le ultime due equazioni si ottiene la relazione costitutiva in forma differenziale del condensatore

$$Q(t)=C\,u(t) \quad \Rightarrow \quad i(t)=\frac{dQ(t)}{dt} \quad \Rightarrow \quad i(t)=C\frac{du(t)}{dt}$$

mentre integrando rispetto al tempo si ottiene la relazione costitutiva in forma integrale

$$u(t)=\frac{1}{C}\int_{t_0}^{t} i(\tau)\,d\tau+u(t_0)$$

mediante cui è possibile esprimere la tensione in funzione della corrente, tenendo conto dell'eventuale stato di eccitazione iniziale.

1° ESERCIZIO La forza magnetomotrice impressa vale

$$F=N\,I=3900\ \mathrm{A}$$

La riluttanza totale del circuito magnetico è

$$F=\Re\,\Phi \quad \Rightarrow \quad \Re=\frac{F}{\Phi}=11142.86\ \frac{\mathrm{A}}{\mathrm{Wb}}.$$

L'induzione magnetica vale

$$\Phi=B\,S \quad \Rightarrow \quad B=\frac{\Phi}{S}=4.1\ \ \mathrm{T}.$$

2° ESERCIZIO La rete da risolvere è la seguente

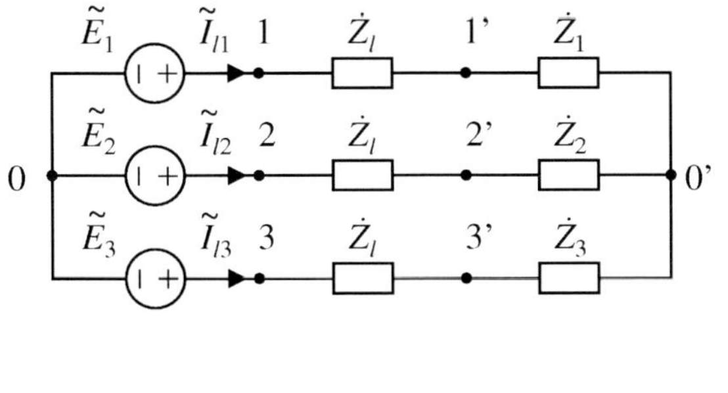

I fasori della terna di generazione sono

$$\tilde{E}_1 = j230\,\text{V}\,;\quad \tilde{E}_2 = 199.19 - j115\,\text{V};\quad \tilde{E}_3 = -199.19 - j115\,\text{V}.$$

Essendo la rete squilibrata, si può applicare la formula di Millman per calcolare lo spostamento del centro stella del carico rispetto al centro stella della generazione, $\tilde{U}_{0'0}$, e cioè

$$\tilde{U}_{0'0} = \frac{\dfrac{\tilde{E}_1}{\dot{Z}_l + \dot{Z}_1} + \dfrac{\tilde{E}_2}{\dot{Z}_l + \dot{Z}_2} + \dfrac{\tilde{E}_3}{\dot{Z}_l + \dot{Z}_3}}{\dfrac{1}{\dot{Z}_l + \dot{Z}_1} + \dfrac{1}{\dot{Z}_l + \dot{Z}_2} + \dfrac{1}{\dot{Z}_l + \dot{Z}_3}} = -17.45 - j8.93\,\text{V}.$$

Applicando ad ognuno dei tre rami della rete la legge di Ohm generalizzata, si calcolano le tre correnti di linea

$$\tilde{U}_{0'0} = \tilde{E}_1 - \tilde{I}_{L1}(\dot{Z}_l + \dot{Z}_1) \quad\Rightarrow\quad \tilde{I}_{L1} = \frac{\tilde{E}_1 - \tilde{U}_{0'0}}{\dot{Z}_l + \dot{Z}_1} = 24.18 + j19.02\ \ \text{A}$$

$$\tilde{U}_{0'0} = \tilde{E}_2 - \tilde{I}_{L2}(\dot{Z}_l + \dot{Z}_2) \quad\Rightarrow\quad \tilde{I}_{L2} = \frac{\tilde{E}_2 - \tilde{U}_{0'0}}{\dot{Z}_l + \dot{Z}_2} = 8.74 - j29.76\ \ \text{A}$$

$$\tilde{U}_{0'0} = \tilde{E}_3 - \tilde{I}_{L3}(\dot{Z}_l + \dot{Z}_3) \quad\Rightarrow\quad \tilde{I}_{L3} = \frac{\tilde{E}_3 - \tilde{U}_{0'0}}{\dot{Z}_l + \dot{Z}_3} = -32.92 + j10.67\ \ \text{A}.$$

Le tensioni di alimentazione delle impedenze di carico sono

$$\tilde{U}_{1'0'} = \tilde{I}_{L1}\dot{Z}_1 = 21.32 + j206.67\ \ \text{V}$$
$$\tilde{U}_{2'0'} = \tilde{I}_{L2}\dot{Z}_2 = 185.05 - j97.57\ \ \text{V}$$
$$\tilde{U}_{3'0'} = \tilde{I}_{L3}\dot{Z}_3 = -154.02 - j82.31\ \ \text{V}.$$

La potenza apparente complessa generata $\dot{P}_{gen}$ vale

$$\dot{P}_{gen} = \tilde{E}_1\tilde{I}^*_{L1} + \tilde{E}_2\tilde{I}^*_{L2} + \tilde{E}_3\tilde{I}^*_{L3} = 14882.11 + j16395.44\ \ \text{VA}.$$

Il fattore di potenza visto dal generatore trifase è pertanto pari a

$$\varphi = \arctan\left(\frac{\Im(\dot{P}_{gen})}{\Re(\dot{P}_{gen})}\right) \qquad\Rightarrow\qquad \cos\varphi = 0.672.$$

SOLUZIONI PROPOSTE PER I QUESITI E GLI ESERCIZI DELL'ESAME ID # : 013

1° QUESITO

Applicando al caso in esame la relazione generale per il calcolo della resistenza di un tubo di flusso

$$R=\int_0^l \frac{dx}{\sigma A(x)}$$

e considerando la lunghezza unitaria, cioè l=1 m, si ottiene

$$R=\int_{r_1}^{r_2} \frac{dr}{2\pi r l}=\frac{1}{2\pi\sigma}\ln\left(\frac{r_2}{r_1}\right).$$

2° QUESITO

Si consideri la generica rete sottostante, da risolvere col metodo dei nodi

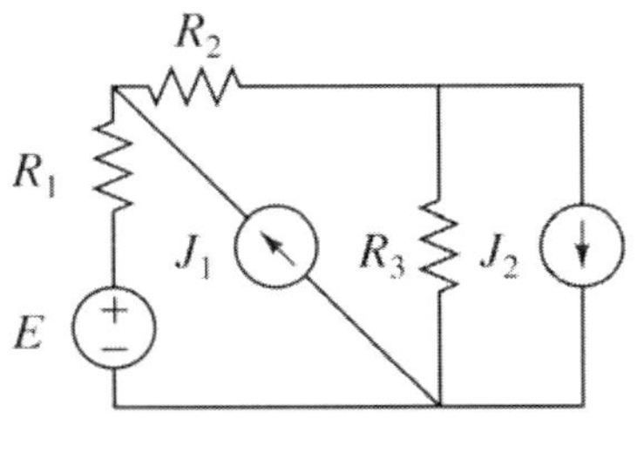

Per applicare il metodo dei nodi, individuati i nodi e fissati i versi positivi di riferimento per le correnti di lato, è opportuno, in via prioritaria, trasformare Norton tutti i lati della rete

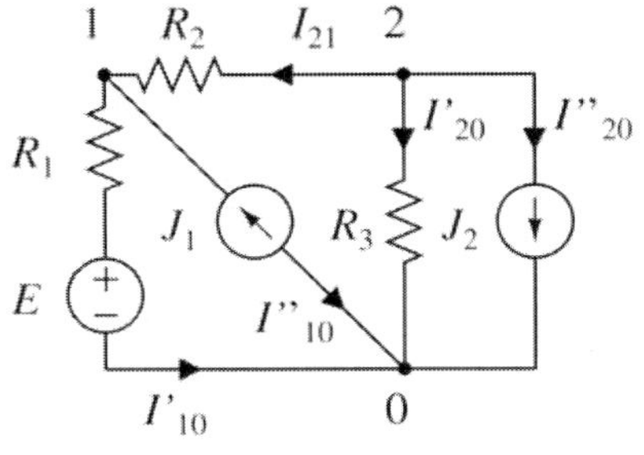

Trasformando ora tutti i generatori reali di tensione presenti nella rete negli equivalenti Norton (i.e., nei corrispondenti generatori reali di corrente), si ottiene la rete elettricamente equivalente alla rete assegnata, definita come segue

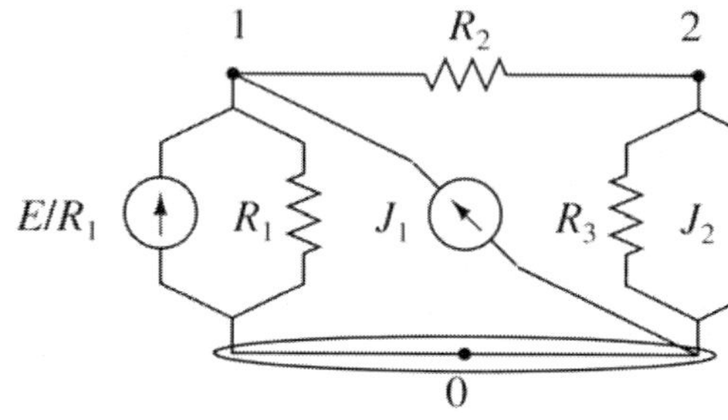

dove si è trasformato il generatore reale di tensione E (con in serie R_1) nel corrispettivo generatore reale di corrente (con in parallelo R_1). Il numero di nodi è n=3, per cui occorre scrivere un sistema di n–1=2 equazioni nelle incognite V_1 e V_2, scegliendo il potenziale del nodo 0 come potenziale di riferimento (V_0=0 V). Indicando con G_1, G_2 e G_3 rispettivamente le conduttanze associate alle resistenze R_1, R_2 ed R_3, il sistema risolvente, scritto in forma matriciale per ispezione visiva della rete è

$$\begin{bmatrix} E\cdot G_1 + J_1 \\ -J_2 \end{bmatrix} = \begin{bmatrix} G_1+G_2 & -G_2 \\ -G_2 & G_2+G_3 \end{bmatrix} \begin{bmatrix} V_1 \\ V_2 \end{bmatrix}.$$

Invertendo la matrice delle conduttanze e moltiplicando per il vettore dei termini noti, si determinano i potenziali V_1 e V_2. A questo punto, ritornando alla rete originaria, sono noti i potenziali in tutti i nodi, e quindi le tensioni applicate in ciascun ramo. Dalle relazioni costitutive di ciascun bipolo sono infine facilmente calcolabili le correnti di ramo incognite

$$I'_{10} = \frac{V_1 - E}{R_1}$$
$$I''_{10} = -J_1$$
$$I_{21} = \frac{V_2 - V_1}{R_2}$$
$$I'_{20} = \frac{V_2}{R_3}$$
$$I''_{20} = J_2.$$

1° ESERCIZIO L'esercizio si risolve mediante il metodo delle immagini, la cui applicazione richiede il posizionamento nel punto *Q'* di coordinate (1,1,-1) della carica $-q$, considerando tutto lo spazio avente permittività $\varepsilon=\varepsilon_0$. Definendo $\mathbf{R}_1$ la distanza tra *Q* e *P* e $\mathbf{R}_2$ la distanza tra *Q'* e *P*, si può scrivere

$$\mathbf{R}_1=(5-1)\hat{\mathbf{x}}+(7-1)\hat{\mathbf{y}}+(3-1)\hat{\mathbf{z}}=4\hat{\mathbf{x}}+6\hat{\mathbf{y}}+2\hat{\mathbf{z}} \quad \text{m}$$
$$\mathbf{R}_2=(5-1)\hat{\mathbf{x}}+(7-1)\hat{\mathbf{y}}+(3+1)\hat{\mathbf{z}}=4\hat{\mathbf{x}}+6\hat{\mathbf{y}}+4\hat{\mathbf{z}} \quad \text{m}$$
$$|\mathbf{R}_1|=R_1=7.483 \quad \text{m}$$
$$|\mathbf{R}_2|=R_2=8.246 \quad \text{m}.$$

Il campo elettrico in *P* vale

$$\mathbf{E}=\frac{1}{4\pi\varepsilon_0}\left(\frac{q\mathbf{R}_1}{R_1^3}+\frac{-q\mathbf{R}_2}{R_2^3}\right)=65.02\hat{\mathbf{x}}+97.54\hat{\mathbf{y}}-63.65\hat{\mathbf{z}} \quad \frac{\text{V}}{\text{m}}$$

mentre il potenziale in *P* è

$$V_P=\frac{q}{4\pi\varepsilon_0}\left(\frac{1}{R_1}-\frac{1}{R_2}\right)=333.33 \quad \text{V}.$$

2° ESERCIZIO Il circuito elettrico del sistema descritto è il seguente

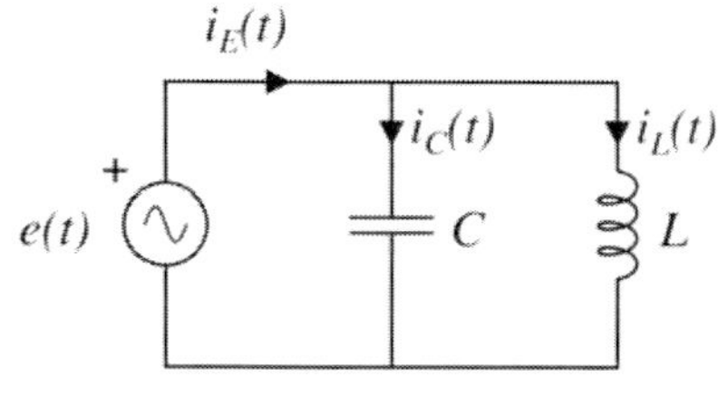

Noti i valori efficaci della tensione di alimentazione *E* e della corrente assorbita dall'induttore I_L, si calcola immediatamente l'induttanza *L*

$$E=\omega L I_L \quad \Rightarrow \quad L=\frac{V}{\omega I_L}\approx 56 \quad \text{mH}.$$

Noti i valori efficaci della tensione di alimentazione *E* e della corrente erogata dal generatore I_E, si calcola immediatamente il modulo Z dell'impedenza totale vista dal generatore

$$E = Z I_E \quad \Rightarrow \quad Z = \frac{E}{I_E} \approx 25.58 \ \Omega.$$

L'impedenza totale $\dot{Z}$ vista dal generatore è data dal parallelo tra l'impedenza induttiva $\dot{Z}_L$ e quella capacitiva $\dot{Z}_C$ associate rispettivamente alla L e alla C del circuito. La sua espressione è

$$\dot{Z} = \frac{\frac{1}{j\omega C} \cdot j\omega L}{\frac{1}{j\omega C} + j\omega L}.$$

Dopo alcuni passaggi numerici si perviene all'espressione

$$\dot{Z} = \frac{j\frac{L}{C} \cdot \omega C}{1 - \omega^2 LC} \quad \Rightarrow \quad |\dot{Z}| = Z = \frac{L\omega}{1 - \omega^2 LC}.$$

Noti ora L, ω e Z è immediato calcolare il valore di C

$$C = \frac{Z - L\omega}{Z\omega^2 L} \approx 56.4 \ \mu\text{F}.$$

Per quanto riguarda il valore della frequenza per cui si annulla la corrente erogata dal generatore, si ha $I_E = 0$ se $Z = \infty$, cioè quando

$$1 - \omega^2 LC = 0 \ \Rightarrow \ \omega = \frac{1}{\sqrt{LC}} \ \Rightarrow \ f = \frac{1}{2\pi\sqrt{LC}} \approx 89.5 \ \text{Hz}.$$

SOLUZIONI PROPOSTE PER I QUESITI E GLI ESERCIZI DELL'ESAME ID # : 014

1° QUESITO All'aumentare della rapidità di variazione nel tempo (o della frequenza) della perturbazione elettromagnetica, non è più possibile trascurare la componente non conservativa del campo elettrico, $\mathbf{E}_i$, rispetto al campo elettrico esterno applicato, $\mathbf{E}_a$.

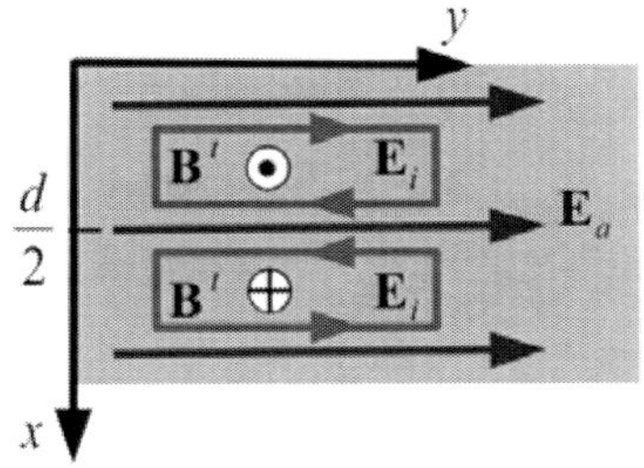

Le due componenti sono concordi alla periferia del conduttore, rinforzandosi l'un l'altra, mentre sono discordi al centro: l'effetto è noto come effetto pelle, o skin effect.
In queste condizioni, il campo di conduzione non obbedisce più all'equazione di Laplace e i campi **E**, **D**, **J**, **H** e **B** sono ora tutti variabili nel tempo e nello spazio. Partendo dalla terza e quarta equazione di Maxwell

$$\nabla \times \mathbf{E} = -\frac{\partial \mathbf{B}}{\partial t} \qquad \nabla \times \mathbf{H} = \mathbf{J} + \frac{\partial \mathbf{D}}{\partial t}$$

trascurando la corrente di spostamento e ricordando il legame dei mezzi materiali, si ottiene

$$\nabla \times \mathbf{E} = -\mu \frac{\partial \mathbf{H}}{\partial t} \qquad \nabla \times \mathbf{H} = \sigma \mathbf{E}.$$

Applicando l'operatore $\nabla \times$ ad ambo i membri della prima equazione, scambiando l'ordine di derivazione nel secondo membro e sostituendo la seconda equazione nella prima, si perviene alla

$$\nabla\times\nabla\times\mathbf{E}=-\mu\,\nabla\times\frac{\partial\mathbf{H}}{\partial t}=-\mu\frac{\partial}{\partial t}\nabla\times\mathbf{H}=-\mu\frac{\partial}{\partial t}\sigma\,\mathbf{E}=-\mu\,\sigma\frac{\partial}{\partial t}\mathbf{E}.$$

Applicando l'identità vettoriale $\nabla\times\nabla\times\mathbf{A}=\nabla\nabla\cdot\mathbf{A}-\nabla^2\mathbf{A}$, l'equazione si modifica nella

$$\nabla\nabla\cdot\mathbf{E}-\nabla^2\mathbf{E}=-\mu\,\sigma\frac{\partial}{\partial t}\mathbf{E}$$

che, ricordando la natura solenoidale del campo di conduzione (i.e. $\nabla\cdot\mathbf{J}=\nabla\cdot(\sigma\,\mathbf{E})=\sigma\,\nabla\cdot\mathbf{E}=0$), si semplifica nella equazione di diffusione del campo elettrico (ovvero del campo di corrente)

$$\nabla^2\mathbf{E}=\sigma\,\mu\frac{\partial\mathbf{E}}{\partial t}\qquad\qquad\nabla^2\mathbf{J}=\sigma\,\mu\frac{\partial\mathbf{J}}{\partial t}.$$

Eliminando dalle due equazioni di Maxwell il campo elettrico anziché il campo magnetico, si perviene invece all'equazione di diffusione del campo magnetico

$$\nabla^2\mathbf{H}=\sigma\,\mu\frac{\partial\mathbf{H}}{\partial t}.$$

Le equazioni di diffusione possono essere scritte anche in forma fasoriale

$$\nabla^2\tilde{\mathbf{E}}=j\omega\,\sigma\,\mu\,\tilde{\mathbf{E}}\qquad\nabla^2\tilde{\mathbf{J}}=j\,\omega\,\sigma\,\mu\,\tilde{\mathbf{J}}\qquad\nabla^2\tilde{\mathbf{H}}=j\omega\,\sigma\,\mu\,\tilde{\mathbf{H}}.$$

Risolvendo per il campo elettrico, relativamente ad un problema mono-dimensionale, l'equazione fornisce come soluzione

$$\tilde{\mathbf{E}}(x)=C_1e^{-kx}\hat{\mathbf{y}}+C_2e^{kx}\hat{\mathbf{y}}\qquad\qquad k=\sqrt{j\,\omega\sigma\,\mu}.$$

Le condizioni al contorno impongono $C_2=0$ (altrimenti **E** crescerebbe al crescere di x dal bordo al centro del conduttore) e $C_1=E_0$, da cui

$$\tilde{\mathbf{E}}(x)=E_0e^{-kx}\hat{\mathbf{y}}.$$

Poiché $\sqrt{j}=\frac{1+j}{\sqrt{2}}$, si può scrivere $k=(1+j)\sqrt{\pi\,f\,\sigma\,\mu}=\frac{(1+j)}{\delta}$, avendo posto $\delta=\frac{1}{\sqrt{\pi\,f\,\sigma\,\mu}}$, ottenendo la soluzione

$$\tilde{\mathbf{E}}(x)=E_0 e^{-\left(\frac{1}{\delta}+\frac{j}{\delta}\right)x}\hat{\mathbf{y}} \qquad \tilde{\mathbf{J}}(x)=J_0 e^{-\left(\frac{1}{\delta}+\frac{j}{\delta}\right)x}\hat{\mathbf{y}}.$$

Il termine δ è detto profondità di penetrazione e si misura in m. Il suo inverso $\frac{1}{\delta}$ è il coefficiente di attenuazione ed indica di quanto si attenua **E** (ed anche **J**) all'interno del conduttore (per $x=\delta$ l'attenuazione vale *e*, cioè è di circa il 37%): quando $\delta \gg d$, con *d* pari alla maggiore delle dimensioni lineari della sezione trasversale del conduttore, lo skin effect diventa trascurabile e si ricade nell'approssimazione quasi-statica. Il termine $\frac{j}{\delta}$ rappresenta il coefficiente di sfasamento, che rappresenta lo sfasamento subito dal campo.

Pur rappresentando una dipendenza simultanea da spazio e tempo, le equazioni differenziali relative a **E**, **H** e **J** non descrivono una propagazione dell'onda come usualmente intesa, ma un processo di diffusione. Infatti la propagazione di un'onda fa sentire i suoi effetti in un punto remoto con un certo tempo di ritardo, mentre la diffusione è un processo rilevabile simultaneamente in tutto il sistema.

2° QUESITO Si considerino n induttori collegati in parallelo

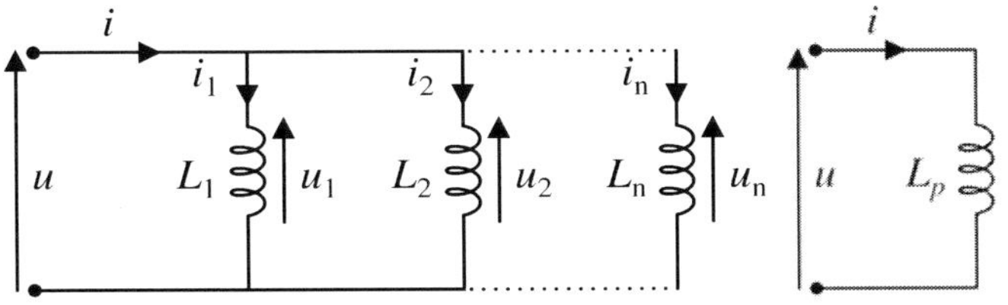

Per la LKT si può scrivere

$$u=u_k \quad (k=1,2,\ldots,n)$$

mentre per la LKC si ha

$$i=\sum_{k=1}^{n} i_k.$$

Dalle LKT e LKC, utilizzando la relazione costitutiva dell'induttore, si può pertanto scrivere

$$i=i_1+i_2+...+i_n=\sum_{k=1}^{n}\frac{1}{L_k}\int_{-\infty}^{t}u_k\,d\tau$$
$$i=\left(\sum_{k=1}^{n}\frac{1}{L_k}\right)\int_{-\infty}^{t}u_k\,d\tau=\frac{1}{L_p}\int_{-\infty}^{t}u_k\,d\tau$$

avendo indicato con L_p l'induttanza complessiva del parallelo degli induttori. Si ottiene perciò

$$L_p=\left(\sum_{k=1}^{n}\frac{1}{L_k}\right)^{-1}.$$

1° ESERCIZIO Affinché la forza tra i due conduttori sia repulsiva, la corrente I_2 deve scorrere nel verso opposto di I_1. Il suo modulo invece deve essere pari a

$$F=\frac{\mu_0 I_1 I_2 l}{2\pi d} \quad\Rightarrow\quad I_2=\frac{2\pi d F}{\mu_0 I_1 l}\approx 0.156\ \text{A}.$$

2° ESERCIZIO Prima di applicare il metodo simbolico, occorre esprimere la corrente corrispondente $j(t)$ mediante la funzione seno, cioè

$$j(t)=\sqrt{2}\cdot 2\cdot\cos(314t+\frac{\pi}{6})=\sqrt{2}\cdot 2\cdot \text{sen}(314t+\frac{2\pi}{3})\ \text{A}.$$

I fasori della tensione e della corrente impressa sono

$$\tilde{E}=88.39+j88.39\ \text{V}$$
$$\tilde{J}=-1+j1.73\ \text{A}$$

mentre le impedenze valgono

$$\dot{Z}_R=50\ \Omega$$
$$\dot{Z}_L=j\,314\cdot 300\cdot 10^{-3}=j94.2\ \Omega$$
$$\dot{Z}_C=\frac{-j}{314\cdot 0.2\cdot 10^{-3}}=-j15.92\ \Omega.$$

Individuati i nodi e fissati i versi positivi di riferimento per le correnti di lato, l'applicazione del metodo simbolico porta alla definizione della seguente rete

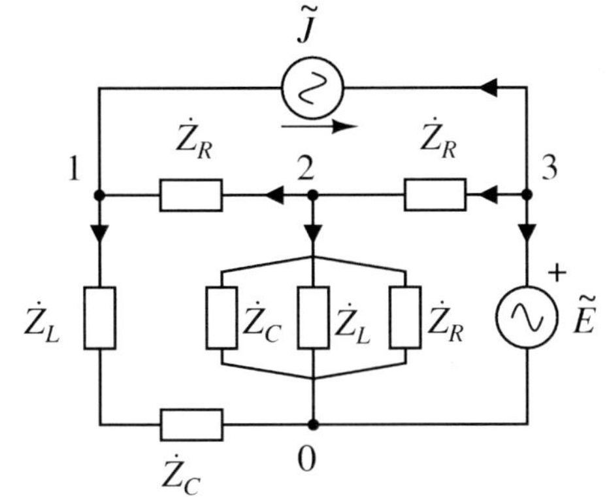

Si sceglie di risolvere la rete tramite il metodo delle maglie, la cui applicazione richiede lo spostamento del generatore ideale di corrente $\tilde{J}$, che potrà essere effettuata come segue

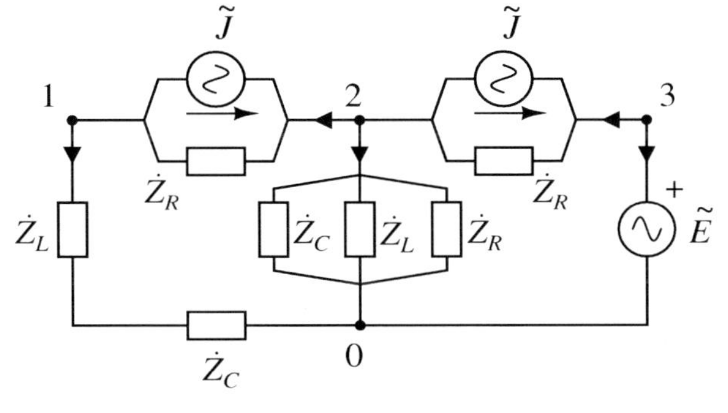

Rappresentando Thévenin tutti i lati della rete, è possibile applicare il metodo delle maglie scrivendo, direttamente per ispezione visiva, il sistema risolvente in forma matriciale

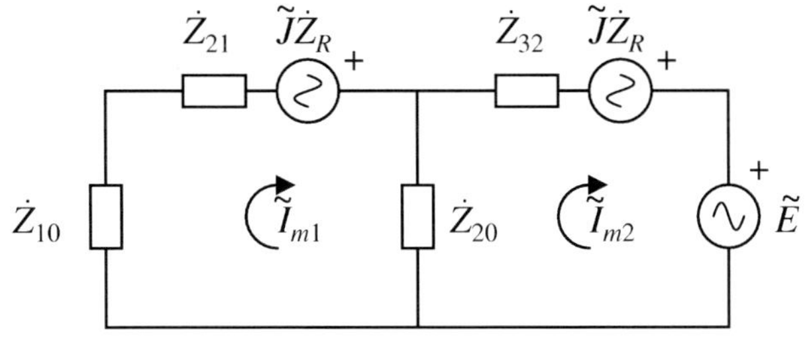

essendo

$$\dot{Z}_{10}=\dot{Z}_L+\dot{Z}_C=j\,78.28\ \Omega;\ \dot{Z}_{21}=\dot{Z}_R=50\ \Omega;$$

$$\dot{Z}_{20}=\left(\frac{1}{\dot{Z}_L}+\frac{1}{\dot{Z}_R}+\frac{1}{\dot{Z}_C}\right)^{-1}=6.40-j16.71\ \Omega;\ \dot{Z}_{32}=\dot{Z}_R=50\ \Omega$$

si ha

$$\begin{bmatrix}\dot{Z}_{21}+\dot{Z}_{10}+\dot{Z}_{20} & -\dot{Z}_{20}\\ -\dot{Z}_{20} & \dot{Z}_{32}+\dot{Z}_{20}\end{bmatrix}\begin{bmatrix}\tilde{I}_{m1}\\ \tilde{I}_{m2}\end{bmatrix}=\begin{bmatrix}\tilde{J}\dot{Z}_R\\ \tilde{J}\dot{Z}_R-\tilde{E}\end{bmatrix}$$

le cui soluzioni sono

$\tilde{I}_{m1}$ = 0.43+j1.54 A;
$\tilde{I}_{m2}$ = −1.80−j0.52 A.

Le correnti e le tensioni di ramo della rete assegnata sono quindi

$\tilde{I}_{10} = -\tilde{I}_{m1}$ = −0.43−j1.54 A
$\tilde{I}_{31} = -\tilde{J}$ = 1−j1.73 A
$\tilde{I}_{30} = \tilde{I}_{m2}$ = −1.80−j0.52 A
$\tilde{I}_{21} = \tilde{I}_{10} - \tilde{I}_{31}$ = −1.43+j0.20 A
$\tilde{I}_{32} = -\tilde{I}_{30} - \tilde{I}_{31}$ = 0.80+j2.25 A
$\tilde{I}_{20\dot{Z}_C} = \tilde{U}_{20}/\dot{Z}_C$ = 1.51+j3.05 A
$\tilde{I}_{20\dot{Z}_R} = \tilde{U}_{20}/\dot{Z}_R$ = 0.97−j0.48 A
$\tilde{I}_{20\dot{Z}_L} = \tilde{U}_{20}/\dot{Z}_L$ = −0.26−j0.52 A

$\tilde{U}_{10} = \dot{Z}_{10}\tilde{I}_{10}$ = 120.24−j33.89 V
$\tilde{U}_{21} = \dot{Z}_{21}\tilde{I}_{21}$ = −71.65+j9.80 V
$\tilde{U}_{32} = \dot{Z}_{32}\tilde{I}_{32}$ = 39.80+j112.48 V
$\tilde{U}_{30} = \tilde{E}$ = 88.39+j88.39 V
$\tilde{U}_{20} = \tilde{U}_{10} + \tilde{U}_{21}$ = 48.59−j24.09 V
$\tilde{U}_{31} = \tilde{U}_{32} + \tilde{U}_{21}$ = −31.85+j122.28 V

Il teorema di Boucherot risulta verificato

$$\tilde{U}_{10}\tilde{I}^*_{10}+\tilde{U}_{21}\tilde{I}^*_{21}+\tilde{U}_{20}(\tilde{I}^*_{20\dot{Z}_L}+\tilde{I}^*_{20\dot{Z}_R}+\tilde{I}^*_{20\dot{Z}_C})+\tilde{U}_{30}\tilde{I}^*_{30}+\tilde{U}_{32}\tilde{I}^*_{32}+\tilde{U}_{31}\tilde{I}^*_{31}\approx$$
$$\approx 0+j0\ \text{VA}.$$

SOLUZIONI PROPOSTE PER I QUESITI E GLI ESERCIZI DELL'ESAME ID # : 015

1° QUESITO

La legge di Ampere-Maxwell (cioè la quarta equazione di Maxwell) afferma che la circuitazione del campo magnetico, **H**, lungo una linea chiusa, L, è pari alla corrente totale concatenata con la medesima linea chiusa.
La formulazione differenziale della quarta equazione di Maxwell è

$$\nabla \times \mathbf{H} = \mathbf{J} + \frac{\partial \mathbf{D}}{\partial t}$$

mentre quella integrale è

$$\oint_L \mathbf{H} \cdot \hat{\mathbf{t}}\, dl = \iint_S \mathbf{J} \cdot \hat{\mathbf{n}}\, ds + \frac{\partial}{\partial t} \iint_S \mathbf{D} \cdot \hat{\mathbf{n}}\, ds .$$

Dall'equazione si osserva come la corrente totale sia la somma di due termini: la corrente di conduzione e la corrente di spostamento, che corrisponde alla derivata rispetto al tempo dell'induzione elettrica **D**. Ciò fa si che in condizioni stazionarie il campo magnetico **H** venga generato dalle sole correnti di conduzione, mentre in condizioni dinamiche anche da campi elettrici variabili nel tempo.

2° QUESITO

Il teorema di Norton stabilisce che una rete lineare, tra i nodi A e B, è equivalente ad un generatore reale di corrente, la cui corrente impressa, J_{No}, è pari alla corrente di cortocircuito I_{cc} della rete alla porta AB, e la cui resistenza interna, R_{No}, è pari alla resistenza vista dalla porta AB una volta resa passiva la rete. Si ha quindi

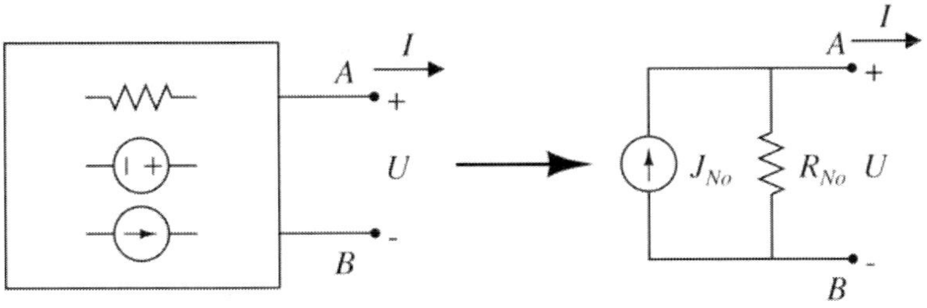

L'utilità del teorema di Norton sta nel fatto che la rappresentazione della rete tra i morsetti A e B è univoca, per cui, a qualsiasi condizione di lavoro si faccia riferimento (cioè qualsiasi sia il bipolo collegato ai morsetti A e B), la rete lineare può essere sempre sostituita dal generatore equivalente di Norton. Il comportamento del bipolo può quindi essere descritto facendo riferimento ad una rete elettrica la cui soluzione è notevolmente più semplice di quella originaria.

1° ESERCIZIO La resistenza chilometrica r' si calcola con la formula

$$r'=\rho_{20}(1+\alpha\cdot 50)\cdot\frac{1000}{\pi\left(\frac{d}{2}\right)^2}=0.817\ \frac{\Omega}{\text{km}}.$$

2° ESERCIZIO Per applicare il metodo simbolico, occorre calcolare fasori e impedenze

$$\tilde{E}=88.39+j88.39\ V$$
$$\dot{Z}_R=10\ \Omega;\quad \dot{Z}_L=j109.96\ \Omega;\quad \dot{Z}_C=-j4.55\ \Omega$$
$$|M|=k\sqrt{L_1L_2}\approx 0.0179\ \text{H}.$$

Lo studio di questa rete potrà essere convenientemente eseguito rappresentando il mutuo accoppiamento fra i due bipoli induttivi mediante due generatori ideali di tensione dipendenti (ovvero generatori ideali di tensione controllati in corrente), ad esempio ed in modo del tutto arbitrario, entrambi convenzionati da generatori rispetto al riferimento positivo scelto per le fittizie correnti di maglia (da cui discende il segno meno presente nella loro espressione), così come illustrato in figura.

Il giusto segno di M dovrà poi essere attribuito con riferimento alla convenzione dei punti adottata rispetto ai versi di riferimento positivi assunti per le fittizie correnti di maglia (se le correnti sono entrambi concordi, i.e. entrano, o discordi, i.e. escono, dai morsetti dei bipoli contrassegnati con i punti, allora M sarà positivo, altrimenti se una corrente è concorde e l'altra è discorde allora M sarà negativo).

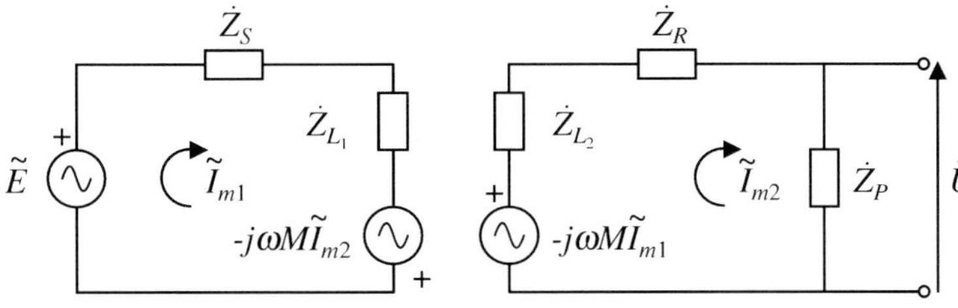

in cui si è posto

$$\dot{Z}_S = \dot{Z}_R + \dot{Z}_C = 10 - j4.55 \ \ \Omega$$
$$\dot{Z}_P = \left(\frac{1}{\dot{Z}_R} + \frac{1}{\dot{Z}_L} + \frac{1}{\dot{Z}_C}\right)^{-1} = 1.84 - j4.55 \ \ \Omega .$$

e si è sostituito il parallelo tra il generatore di tensione $\tilde{E}$ e l'impedenza $\dot{Z}_L$ con il suo equivalente Thévenin, costituito dal solo generatore di tensione, essendo nota la corrente che scorre in $\dot{Z}_L$ e pari a $\tilde{I}_L = \tilde{E}/\dot{Z}_L$ = 0.804–j0.804 A (calcolata con la convenzione degli utilizzatori).
Con i versi di riferimento scelti per le correnti di maglia, il segno di M è negativo. Il sistema risolvente è

$$\tilde{E} = (\dot{Z}_S + \dot{Z}_{L_1})\tilde{I}_{m1} + j\omega M\tilde{I}_{m2}$$
$$0 = j\omega M\tilde{I}_{m1} + (\dot{Z}_R + \dot{Z}_P + \dot{Z}_{L_2})\tilde{I}_{m2}$$

le cui soluzioni sono

$$\tilde{I}_{m1} = 1.865 + j0.070 \text{ A;}$$
$$\tilde{I}_{m2} = 2.768 + j1.961 \text{ A.}$$

La corrente totale $\tilde{I}_E$ generata dal generatore $\tilde{E}$ è data dalla somma di $\tilde{I}_{m1}$ e $\tilde{I}_L$, e vale

$$\tilde{I}_E = 2.669 - j0.734 \text{ A.}$$

Il bilancio delle potenze attive può essere verificato direttamente dal bilancio delle potenze complesse $\dot{P}_{gen}$ (generata, calcolata con la convenzione dei generatori) e $\dot{P}_{car}$ (assorbita, calcolata con la convenzione degli utilizzatori)

$$\dot{P}_{gen} = \tilde{E}\tilde{I}_E^* - j\omega M \tilde{I}_{m2}\tilde{I}_{m1}^* - j\omega M \tilde{I}_{m1}\tilde{I}_{m2}^* =$$
$$= 171.05 + j717.76 \quad \text{VA}$$
$$\dot{P}_{car} = (\dot{Z}_S + \dot{Z}_{L_1})|\tilde{I}_{m1}|^2 + (\dot{Z}_R + \dot{Z}_P + \dot{Z}_{L_2})|\tilde{I}_{m2}|^2 + \dot{Z}_L|\tilde{I}_L|^2 =$$
$$= 171.05 + j717.76 \quad \text{VA}.$$

La tensione $\tilde{U}$ ai morsetti terminali vale

$$\tilde{U} = \dot{Z}_P \tilde{I}_{m2} = 12.68 - j7.12 \quad \text{V}$$

da cui si calcola immediatamente l'espressione nel tempo

$$u(t) = \sqrt{2} \cdot 14.54 \cdot \text{sen}(2199.1149t - 0.5116) \quad \text{V}.$$

SOLUZIONI PROPOSTE PER I QUESITI E GLI ESERCIZI DELL'ESAME ID # : 016

1° QUESITO

Consideriamo due conduttori cilindrici, infinitamente lunghi, posati in aria e in presenza del terreno. Siano r_{01} e r_{02} i raggi, Q_1' e Q_2' le cariche per unità di lunghezza, V_1 e V_2 i potenziali dei due conduttori, i quali sono posti, rispettivamente, a distanza h_1 ed h_2 dal terreno, come illustrato in figura

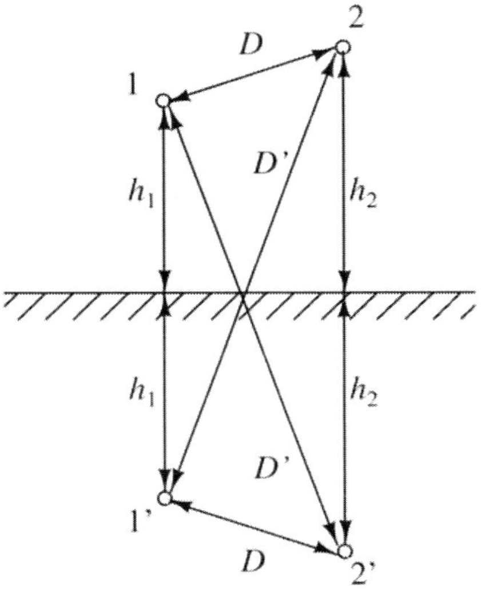

La soluzione del problema richiede l'applicazione del metodo delle immagini, per cui si devono considerare anche i due conduttori fittizi 1' e 2', immagini di 1 e 2, aventi cariche per unità di lunghezza $-Q_1'$ e $-Q_2'$, potenziali $-V_1$ e $-V_2$, considerando altresì tutto lo spazio alla permittività dcll'aria ε_0.

Il potenziale in un generico punto P si calcola applicando il principio di sovrapposizione degli effetti, sommando il contributo di ogni coppia conduttore-immagine, contributo espresso dalla relazione

$$V = \frac{Q'}{2\pi\varepsilon_0} \ln \frac{r'}{r}$$

valida nel caso di singolo conduttore in presenza di terreno, in cui r è la distanza tra il conduttore e il punto P, r' la distanza tra il conduttore immagine e P.
Scegliendo il punto P prima sulla superficie del conduttore 1 e poi su quella del conduttore 2, si hanno le espressioni, rispettivamente, di V_1 e V_2

$$V_1=\frac{Q'_1}{2\pi\varepsilon_0}\ln\frac{2h_1}{r_{01}}+\frac{Q'_2}{2\pi\varepsilon_0}\ln\frac{D_{2'1}}{D_{21}}$$
$$V_2=\frac{Q'_1}{2\pi\varepsilon_0}\ln\frac{D_{1'2}}{D_{12}}+\frac{Q'_2}{2\pi\varepsilon_0}\ln\frac{2h_2}{r_{02}}.$$

Poiché, per ragioni di simmetria, è $D_{1'2}=D_{2'1}=D'$ e $D_{12}=D_{21}=D$, le precedenti espressioni si trasformano nelle

$$V_1=\frac{1}{2\pi\varepsilon_0}\left(Q'_1\ln\frac{2h_1}{r_{01}}+Q'_2\ln\frac{D'}{D}\right)$$
$$V_2=\frac{1}{2\pi\varepsilon_0}\left(Q'_1\ln\frac{D'}{D}+Q'_2\ln\frac{2h_2}{r_{02}}\right)$$

che possono essere scritte in forma matriciale come

$$\begin{bmatrix}V_1\\V_2\end{bmatrix}=\begin{bmatrix}a_{11} & a_{12}\\a_{21} & a_{22}\end{bmatrix}\begin{bmatrix}Q'_1\\Q'_2\end{bmatrix}$$

in cui a_{11}, $a_{12}=a_{21}$ e a_{22} sono i coefficienti di potenziale (m/F) e sono esprimibili come

$$a_{11}=\frac{1}{2\pi\varepsilon}\ln\frac{2h_1}{r_{01}};\quad a_{22}=\frac{1}{2\pi\varepsilon}\ln\frac{2h_2}{r_{02}};\quad a_{12}=a_{21}=\frac{1}{2\pi\varepsilon}\ln\frac{D'}{D}.$$

Introducendo la matrice $[A]$ dei coefficienti di potenziale (matrice quadrata e simmetrica), si può scrivere in forma compatta

$$[V]=[A]\,[Q'].$$

Risolvendo rispetto al vettore delle cariche $[Q']$ si ottiene

$$[Q']=[A]^{-1}\,[V]=[B]\,[V]$$

ove anche la matrice $[B]$ è quadrata e simmetrica. Dunque le cariche

Q_1' e Q_2' hanno le espressioni generali

$$Q_1'=b_{11}V_1+b_{12}V_2$$
$$Q_2'=b_{21}V_1+b_{22}V_2.$$

Aggiungendo e sottraendo a secondo membro della prima espressione il termine $b_{12}V_1$, e a secondo membro della seconda espressione il termine $b_{21}V_2$, si ottengono le relazioni

$$Q_1'=(b_{11}+b_{12})V_1-b_{12}(V_1-V_2)$$
$$Q_2'=-b_{21}(V_2-V_1)+(b_{21}+b_{22})V_2$$

che si possono scrivere nella forma

$$Q_1'=C_{11}'V_1+C_{12}'(V_1-V_2)$$
$$Q_2'=C_{21}'(V_2-V_1)+C_{22}'V_2$$

in cui C_{11}' e C_{22}' sono le capacità proprie per unità di lunghezza (F/m) dei conduttori 1 e 2, mentre $C_{12}'=C_{21}'$ è la capacità mutua per unità di lunghezza (F/m) tra i conduttori 1 e 2.

2° QUESITO

Dato un sistema trifase a tre fili (in cui cioè il neutro non è presente), la potenza complessa può essere determinata sommando due soli termini, e non tre come nel caso di sistemi trifase a quattro fili. Infatti in generale la potenza complessa è esprimibile come

$$\dot{P}_a=\tilde{E}_1\tilde{I}_1^*+\tilde{E}_2\tilde{I}_2^*+\tilde{E}_3\tilde{I}_3^*.$$

Essendo il sistema a tre fili, si può scrivere

$$\tilde{I}_1+\tilde{I}_2+\tilde{I}_3=0 \qquad \Rightarrow \qquad \tilde{I}_2=-\tilde{I}_1-\tilde{I}_3$$

e sostituendo nell'espressione della potenza si ottiene

$$\dot{P}_a=(\tilde{E}_1-\tilde{E}_2)\tilde{I}_1^*+(\tilde{E}_3-\tilde{E}_2)\tilde{I}_3^*=\tilde{U}_{12}\tilde{I}_1^*+\tilde{U}_{32}\tilde{I}_3^*$$

da cui si può dedurre la potenza attiva e quella reattiva

$$P=\Re(\dot{P}_a)=\Re(\tilde{U}_{12}\tilde{I}_1^*+\tilde{U}_{32}\tilde{I}_3^*)$$
$$Q=\Im(\dot{P}_a)=\Im(\tilde{U}_{12}\tilde{I}_1^*+\tilde{U}_{32}\tilde{I}_3^*).$$

Facendo riferimento alla figura seguente, e con i versi di tensioni e correnti indicati, noti i fasori $\tilde{U}_{12}$, $\tilde{U}_{32}$, $\tilde{I}_1$ e $\tilde{I}_3$, si può calcolare la potenza apparente complessa generata dal tripolo individuato dai morsetti 1-2-3 o assorbita dal tripolo individuato dai morsetti 1'-2'-3'.

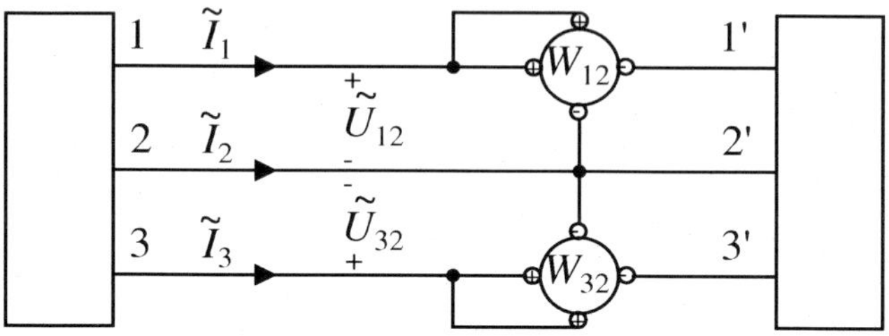

Per effettuare la misura della potenza attiva P che fluisce in una data sezione di un sistema trifase a tre fili, si impiega l'inserzione Aron, che richiede, facendo riferimento alla trattazione su esposta, due wattmetri inseriti come nella figura precedente (i.e., avendo espresso $\tilde{I}_2$ in funzione di $\tilde{I}_1$ e $\tilde{I}_3$, con le bobine amperometriche disposte rispettivamente lungo le fasi 1 e 2, e le bobine voltmetriche derivate rispettivamente tra le fasi 1-2 e 3-2). Si può quindi scrivere

$$P = W_{12} + W_{32}.$$

Nel caso di sistema trifase a tre fili simmetrico ed equilibrato, dalle letture dei due wattmetri si misura anche la potenza reattiva Q che fluisce nella sezione, poiché vale la relazione (qui non dimostrata, e valida solo per sistemi simmetrici ed equilibrati)

$$Q = \sqrt{3}(W_{32} - W_{12}).$$

1° ESERCIZIO La forza elettromotrice indotta si esprime mediante la relazione

$$f.e.m. = -N \frac{d\Phi(t)}{dt} = -N \frac{d(\mathbf{B}\cdot\mathbf{S})}{dt} = -N \frac{d}{dt} \iint_S \mathbf{B}\cdot d\,\mathbf{S}$$

Sostituendo nell'integrale doppio l'espressione di $\mathbf{B}$ ed essendo $d\,\mathbf{S} = dxdy \cdot \hat{\mathbf{n}}$, si ottiene

$$f.e.m. = -10 \cdot N \frac{d}{dt} \cos(10^3 t) \int_{-\frac{l}{2}}^{\frac{l}{2}} \cos(x)\, dx \int_{-\frac{l}{2}}^{\frac{l}{2}} \sin(2y)\, dy = 0 \ \text{V}$$

essendo nullo il secondo integrale.

2° ESERCIZIO Individuati i nodi e fissati i versi positivi di riferimento per le correnti di lato, la rete assegnata può essere ridisegnata come

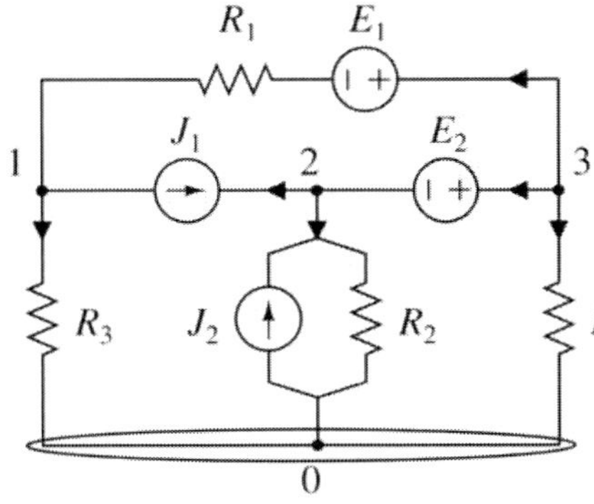

Scegliendo di risolvere la rete mediante il metodo delle maglie, occorre, in via prioritaria, rappresentare Norton tutti i lati, ciò implicando il preliminare spostamento del generatore ideale di corrente E_2, effettuato come indicato in figura

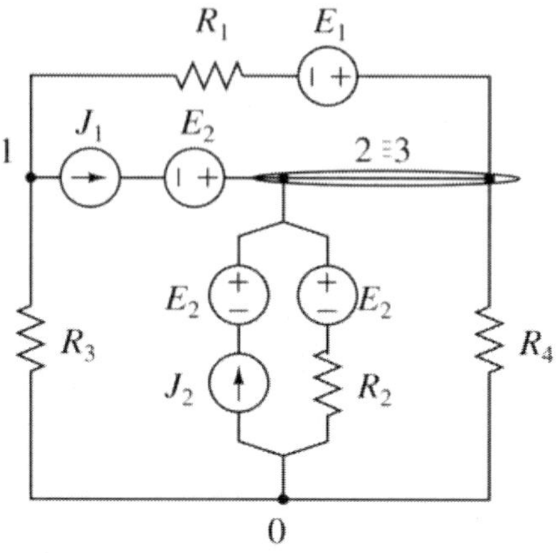

Rappresentando Norton tutti i lati (i.e., trasformando i generatori reali di tensione negli equivalenti generatori reali di corrente), si ottiene la seguente rete

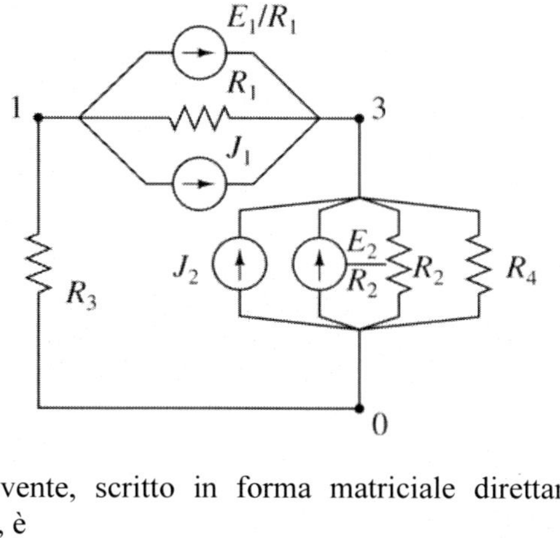

Il sistema risolvente, scritto in forma matriciale direttamente per ispezione visiva, è

$$\begin{bmatrix} \frac{1}{R_1}+\frac{1}{R_3} & -\frac{1}{R_1} \\ -\frac{1}{R_1} & \frac{1}{R_1}+\frac{1}{R_4}+\frac{1}{R_2} \end{bmatrix} \begin{bmatrix} V_1 \\ V_3 \end{bmatrix} = \begin{bmatrix} -\frac{E_1}{R_1}-J_1 \\ \frac{E_1}{R_1}+J_1+J_2+\frac{E_2}{R_2} \end{bmatrix}$$

da cui si ottiene

$V_1 = -44.4.2$ V;
$V_3 = 59.2$ V.

Essendo $V_3-V_2=E_2$, ne deriva che $V_2=V_3-E_2$=35.2 V.
Le correnti e le tensioni di ramo della rete assegnata sono

$U_{10}=V_1=-44.4$ V
$U_{20}=V_2=35.2$ V
$U_{30}=V_3=59.2$ V
$U_{21}=V_2-V_1=79.6$ V
$U_{32}=V_3-V_2=E_2=24$ V
$U_{31}=V_3-V_1=103.6$ V

$I_{10}=U_{10}/R_3=-0.888$ A
$I_{20J2}=-J_2=-1$ A
$I_{20R2}=U_{20}/R_2=0.704$ A
$I_{21}=-J_1=-2$ A
$I_{30}=U_{30}/R_4=1.184$ A
$I_{32}=I_{20R2}+I_{20J2}+I_{21}=-2.296$ A
$I_{31}=-I_{30}-I_{32}=1.112$ A

Il teorema di Tellegen risulta verificato
$U_{10}I_{10}+U_{21}I_{21}+U_{20}(I_{20J2}+I_{20R2})+U_{30}I_{30}+U_{32}I_{32}+U_{31}I_{31}=0$ VA.

SOLUZIONI PROPOSTE PER I QUESITI E GLI ESERCIZI DELL'ESAME ID # : 017

1° QUESITO

I campi tempo-varianti (detti anche dinamici o non stazionari) sono definiti da grandezze tutte o in parte dipendenti dal tempo. Dalle equazioni di Maxwell si deduce che campi elettrici e magnetici tempo-varianti sono sempre mutuamente accoppiati (per cui vengono usualmente chiamati campi elettromagnetici). L'accoppiamento dipende dalla rapidità di variazione nel tempo delle grandezze, risultando tanto maggiore quanto più rapida è la suddetta variazione.
Quando le variazioni nel tempo sono lente, si parla di campi quasi-stazionari. Con riferimento al campo elettrico, in ogni istante di tempo t_i (con i=0, 1, … , n), ed in ogni punto dello spazio $P(\mathbf{r})$, si avrà che $\mathbf{E}(\mathbf{r},t_i)$ coincide con il campo elettrostatico, $\mathbf{E}(\mathbf{r})$, relativo alla corrispondente distribuzione statica di cariche elettriche, e cioè $\mathbf{E}(\mathbf{r},t_i)=\mathbf{E}(\mathbf{r})$, posto $\rho(\mathbf{r})=\rho(\mathbf{r},t_i)$. Ciò significa che la dipendenza dal tempo e dallo spazio è disaccoppiata, per cui si può trattare/calcolare il campo quasi-elettrostatico in ogni istante di tempo come una sequenza di istantanee dei campi elettrostatici corrispondenti. L'approssimazione fatta è giustificabile dal fatto che, in corrispondenza di variazioni lente di **E**, la derivata rispetto al tempo della densità del flusso elettrico, e quindi la corrente di spostamento, ha ampiezza trascurabile, risultando a maggior ragione trascurabile il campo elettrico indotto dal campo magnetico prodotto da queste correnti.

2° QUESITO

Consideriamo una generica rete, che ci proponiamo di risolvere con il metodo delle maglie.

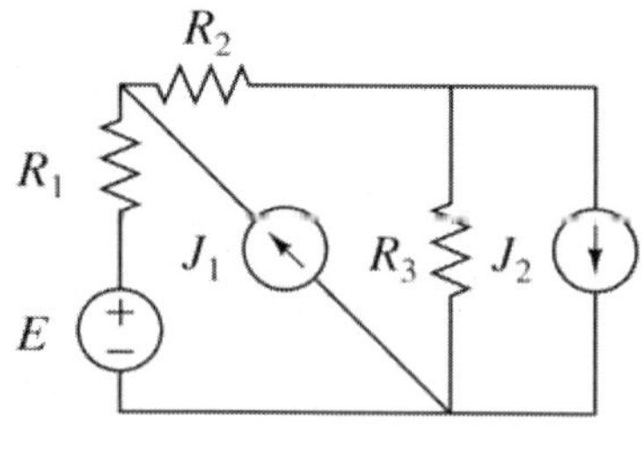

Individuati i nodi e fissati i versi positivi di riferimento per le correnti di lato, la rete assegnata può essere ridisegnata come

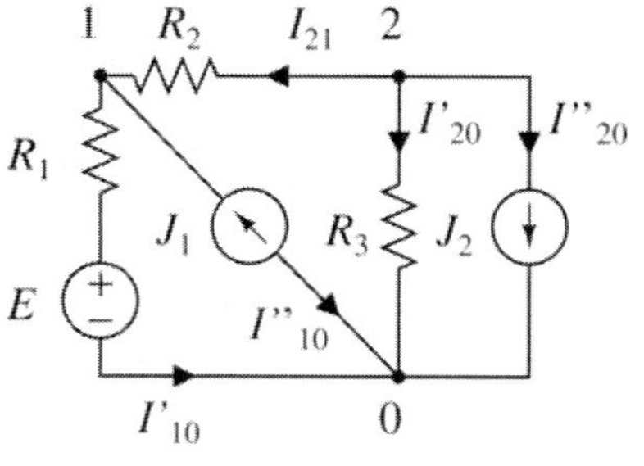

Dovendo risolvere la rete mediante il metodo delle maglie, occorre, in via prioritaria, rappresentare Thévenin tutti i lati, ciò implicando il preliminare spostamento del generatore ideale di corrente J_1, effettuato come indicato in figura

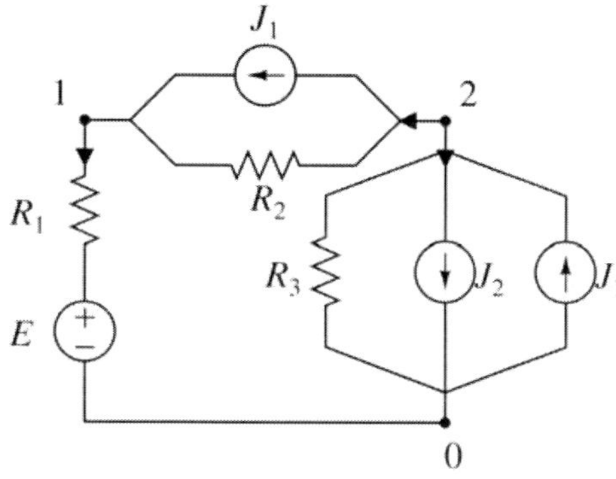

Rappresentando Thévenin tutti i lati (i.e., trasformando i generatori reali di corrente negli equivalenti generatori reali di tensione), si ottiene la seguente rete

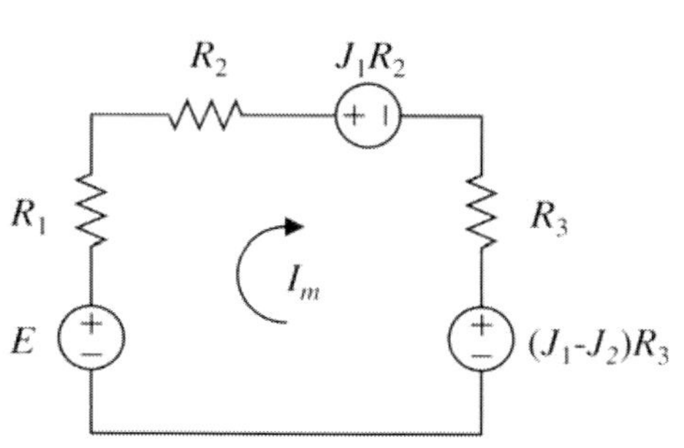

La nuova rete così ottenuta ha un'unica maglia, per cui il sistema risolvente si riduce ad un'equazione in una incognita, la corrente di maglia I_m

$$E-J_1R_2-(J_1-J_2)R_3=(R_1+R_2+R_3)I_m$$
$$I_m=\frac{E-J_1R_2-(J_1-J_2)R_3}{R_1+R_2+R_3}.$$

Nota la corrente I_m, tornando alla rete originaria si può osservare che, poiché il ramo 1-0 contenente il generatore E e la resistenza R_1 non è stato modificato dalle trasformazioni effettuate, $I'_{10}=-I_m$. A questo punto, tramite l'applicazione dei principi di Kirchhoff e utilizzando le relazioni costitutive dei bipoli, si possono facilmente calcolare tutte le correnti e le tensioni incognite

$$I'_{10}=-I_M$$
$$I''_{10}=-J_1$$
$$I_{21}=I'_{10}+I''_{10}$$
$$I''_{20}=J_2$$
$$I'_{20}=-I_{21}-I''_{20}$$

$$U_{10}=E+R_1I'_{10}$$
$$U_{21}=R_2I_{21}$$
$$U_{20}=R_3I'_{20}$$

1° ESERCIZIO Il circuito elettrico equivalente al circuito magnetico assegnato è

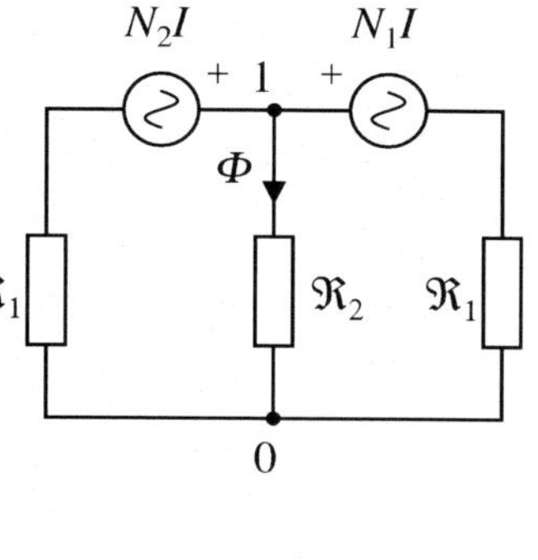

dove

$$\mathfrak{R}_1=\frac{\delta}{\mu_0 A}=\mathfrak{R}\approx 79577.47\ \frac{\text{A}}{\text{Wb}}$$
$$\mathfrak{R}_2=\frac{2\,\delta}{\mu_0 A}=2\,\mathfrak{R}_1\approx 159154.94\ \frac{\text{A}}{\text{Wb}}.$$

Il flusso Φ è espresso dalla

$$U_{10}=2\Re\Phi$$

in cui è incognita la tensione magnetica U_{10}, che può essere calcolata applicando la formula di Millman

$$U_{10}=\frac{\dfrac{N_2 I}{\Re}+\dfrac{N_1 I}{\Re}}{\dfrac{1}{\Re}+\dfrac{1}{\Re}+\dfrac{1}{2\Re}}=\frac{\dfrac{(N_1+N_2)I}{\Re}}{\dfrac{5}{2\Re}}=\frac{2}{5}(N_1+N_2)I=300\,I.$$

E' ora possibile calcolare la corrente I che impone nella colonna centrale il flusso Φ

$$U_{10}=2\Re\Phi \quad\Rightarrow\quad 300\,I=2\Re\Phi \quad\Rightarrow\quad I=\frac{2\Re\Phi}{300}\approx 530.52\ \ \mathrm{A}.$$

2° ESERCIZIO Lo schema generale della rete è il seguente

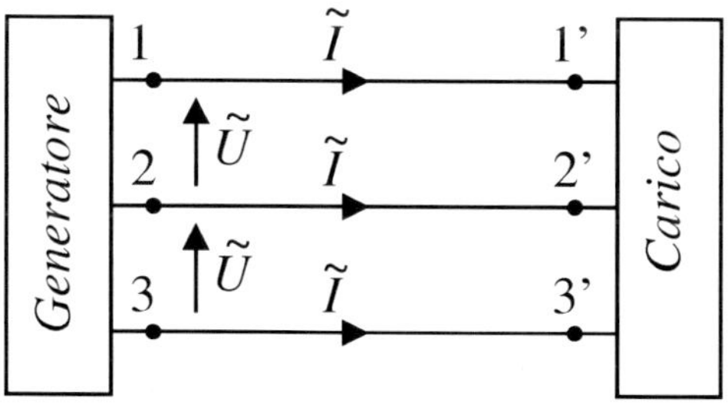

Il sistema è simmetrico, equilibrato ed è inoltre privo di impedenze di linea; la tensione di alimentazione del carico, U=10 kV, è la tensione concatenata, mentre la corrente assorbita, I=20 A, coincide con la corrente di linea, per cui si può scrivere

$$P_{gen}=P_{car}=\sqrt{3}\,U\,I\cos\varphi=311769.15\ \ \mathrm{W}$$
$$S_{gen}=S_{car}=\sqrt{3}\,U\,I=346410.16\ \ \mathrm{VA}$$
$$Q_{gen}=Q_{car}=\sqrt{S^2_{gen}-P^2_{gen}}=150996.69\ \ \mathrm{VAR}.$$

SOLUZIONI PROPOSTE PER I QUESITI E GLI ESERCIZI DELL'ESAME ID # : 018

1° QUESITO

Dalla natura solenoidale dell'induzione magnetica (tutte le linee di forza sono delle linee chiuse), unitamente alle proprietà degli operatori vettoriali, discende la possibilità di introdurre un potenziale vettore magnetico **A** (T·m) definito come

$$\mathbf{B} = \nabla \times \mathbf{A}$$

rimanendo soddisfatta l'equazione $\nabla \cdot \mathbf{B} = \nabla \cdot \nabla \times \mathbf{A} = 0$.
Per garantire l'unicità del potenziale vettore ***A***, utilizzando il teorema di Clebsh (secondo il quale un campo vettoriale è univocamente determinato se, in ogni punto, si assegnano i valori del rotore e della divergenza), nel caso di campo magnetico stazionario è opportuno imporre la condizione

$$\nabla \cdot \mathbf{A} = 0$$

detta gauge di Coulomb, da cui, se il mezzo è lineare, isotropo e omogeneo, considerando che

$$\begin{matrix} \nabla \times \mathbf{H} = \mathbf{J} \\ \mathbf{B} = \mu\, \mathbf{H} \end{matrix} \quad \Rightarrow \quad \nabla \times \mathbf{B} = \mu\, \mathbf{J}$$

si ottiene

$$\nabla \times \nabla \times \mathbf{A} = -\nabla^2 \mathbf{A} + \nabla\, \nabla \cdot \mathbf{A} = \mu\, \mathbf{J}\, .$$

Il potenziale vettore soddisfa quindi l'equazione di Poisson vettoriale

$$-\nabla^2 \mathbf{A} = \mu\, \mathbf{J}$$

e si può valutare sia direttamente, attraverso la distribuzione della densità di corrente **J**, che integrando l'equazione di Poisson, dopo aver assegnato le condizioni al contorno. Calcolato così **A**, si ottiene **B** (e conseguentemente **H**) per differenziazione di **A**.
Nel caso di una distribuzione di corrente con densità **J** all'interno di un volume *V*, la soluzione dell'equazione di Poisson è

$$\mathbf{A}=\frac{\mu}{4\pi}\iiint_V \frac{\mathbf{J}}{r}dV$$

Un esempio di soluzione di un problema magnetostatico tramite il potenziale vettore è quello riportato nella figura sottostante

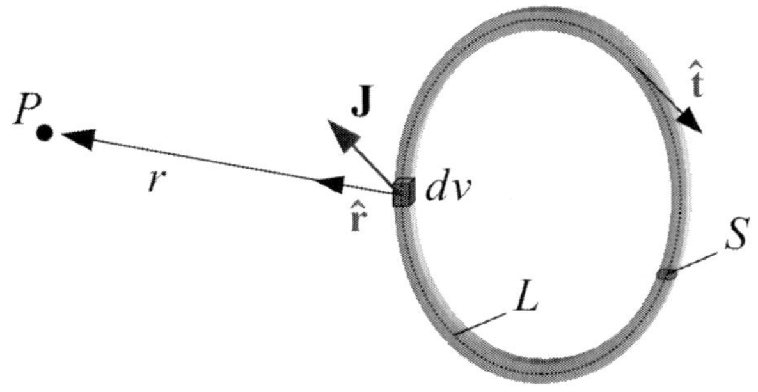

Si consideri il caso di un conduttore filiforme di sezione S che si sviluppa lungo una linea chiusa L; se $\mathbf{J}$ è la densità del campo di corrente di conduzione, si ha

$$\mathbf{J}\,dV=(\mathbf{J}\,dS)\,\hat{\mathbf{t}}\,dl=I\,\hat{\mathbf{t}}\,dl$$

essendo I il modulo della corrente che scorre nel conduttore. Sostituendo nell'espressione di $\mathbf{A}$ precedentemente trovata, si ottiene

$$\mathbf{A}=\frac{\mu I}{4\pi}\oint_L \frac{\hat{\mathbf{t}}}{r}dl$$

Determinata l'espressione di $\mathbf{A}$, si può ora valutare $\mathbf{B}$ in P, con la condizione che P non sia interno al conduttore

$$\boldsymbol{B}=\nabla\times\mathbf{A}=\frac{\mu I}{4\pi}\oint_L \nabla\times\frac{\hat{\mathbf{t}}}{r}dl.$$

Poiché vale la relazione $\nabla\times(s\,\mathbf{v})=\nabla s\times\mathbf{v}+s\nabla\times\mathbf{v}$, si ottiene

$$\mathbf{B}=\frac{\mu I}{4\pi}\oint_L\left[\nabla\left(\frac{1}{r}\right)\times\hat{\mathbf{t}}+\underbrace{\frac{1}{r}\nabla\times\hat{\mathbf{t}}}_{0}\right]dl$$

essendo nullo il secondo addendo perché il versore $\hat{\mathbf{t}}$ non dipende dalle coordinate del punto P in cui si valuta il campo **B**. Poiché

$$\nabla\left(\frac{1}{r}\right) = -\frac{\hat{\mathbf{r}}}{r^2}$$

si deduce l'espressione

$$\mathbf{B} = \frac{\mu I}{4\pi}\oint_L \frac{\hat{\mathbf{t}} \times \hat{\mathbf{r}}}{r^2}\, dl$$

dove $\hat{\mathbf{r}}$ è il versore del vettore posizione del punto P rispetto al volumetto infinitesimo dV.

2° QUESITO

Il teorema di Thévenin stabilisce che una rete lineare, tra i nodi A e B, è equivalente ad un generatore reale di tensione, la cui tensione impressa, E_{Th}, è pari alla tensione a vuoto U_0 della rete alla porta AB, e la cui resistenza interna R_{Th} è pari alla resistenza vista dalla porta AB una volta resa passiva la rete. Si ha quindi

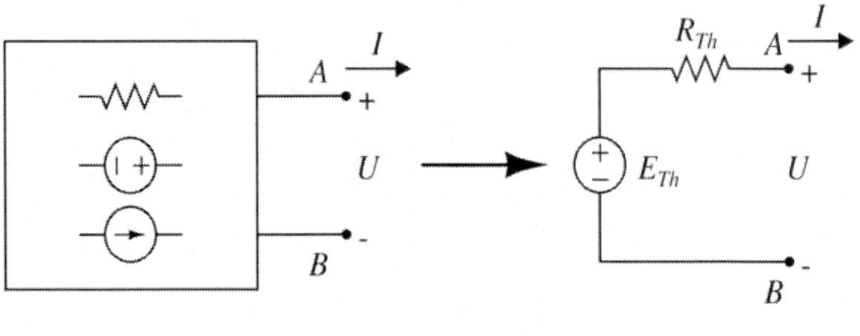

L'utilità del teorema di Thévenin sta nel fatto che la rappresentazione della rete tra i morsetti A e B è univoca, per cui, a qualsiasi condizione di lavoro si faccia riferimento (cioè qualsiasi sia il bipolo collegato ai morsetti A e B), la rete lineare può essere sempre sostituita dal generatore equivalente di Thévenin. Il comportamento del bipolo può quindi essere descritto facendo riferimento ad una rete elettrica equivalente la cui soluzione è notevolmente più semplice di quella originaria.

1° ESERCIZIO Indicando con c_s il coefficiente di sicurezza e con E_c la rigidità dielettrica, vale la relazione

$$E_c = c_s E_n = c_s \frac{U_n}{d} \Rightarrow d = \frac{c_s U_n}{E_c} \approx 0.00002 \text{ m}.$$

Essendo nota la capacità C del condensatore, si calcola immediatamente la superficie A delle armature

$$C = \varepsilon_0 \varepsilon_r \frac{A}{d} \Rightarrow A = \frac{C d}{\varepsilon_0 \varepsilon_r} \approx 0.0134 \text{ m}^2.$$

2° ESERCIZIO Prima di applicare il metodo simbolico, occorre esprimere la corrente corrispondente $j(t)$ mediante la funzione seno, cioè

$$j(t) = \sqrt{2} \cdot 1 \cdot \cos(314 t + \frac{\pi}{3}) = \sqrt{2} \cdot 1 \cdot \text{sen}(314 t + \frac{5\pi}{6}) \text{ A}.$$

Il calcolo dei fasori e delle impedenze fornisce

$$\tilde{E} = 199.19 + j115 \text{ V}; \; \tilde{J} = -0.866 + j0.5 \text{ A}$$
$$\dot{Z}_R = 10 \; \Omega; \; \dot{Z}_L = j \cdot 314 \cdot 100 \cdot 10^{-3} = j31.4 \; \Omega$$
$$\dot{Z}_C = \frac{-j}{314 \cdot 0.1 \cdot 10^{-3}} = -j31.85 \; \Omega.$$

Individuati i nodi e fissati i versi positivi di riferimento per le correnti di lato, l'applicazione del metodo simbolico porta alla definizione della seguente rete

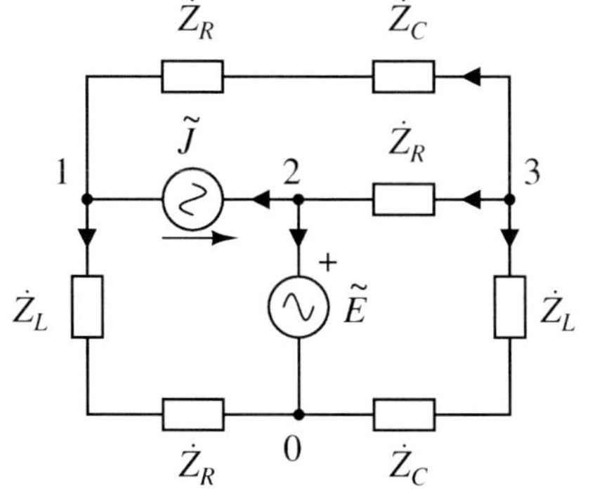

Dovendo risolvere la rete mediante il metodo delle maglie, occorre, in via prioritaria, rappresentare Thévenin tutti i lati, ciò implicando il preliminare spostamento del generatore ideale di corrente $\tilde{J}$

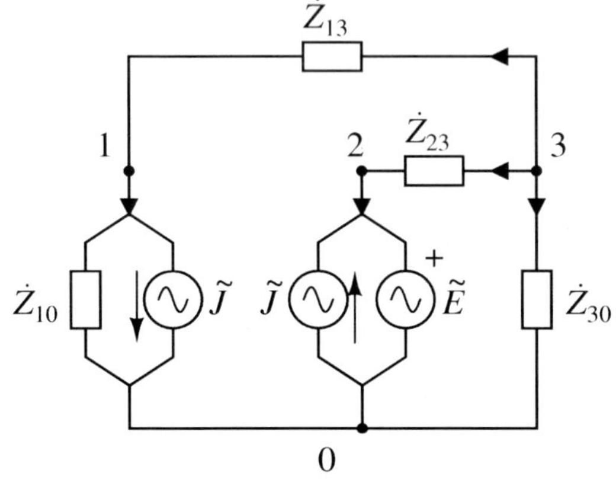

Rappresentando Thévenin tutti i lati (i.e., trasformando i generatori reali di corrente negli equivalenti generatori reali di tensione), si ottiene la seguente rete

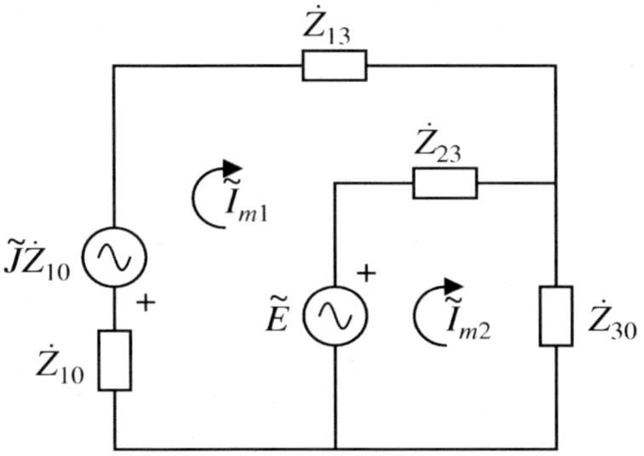

in cui si è posto

$$\dot{Z}_{13}=\dot{Z}_R+\dot{Z}_C=10-j31.85\ \ \Omega;\quad \dot{Z}_{23}=\dot{Z}_R=10\ \ \Omega;$$
$$\dot{Z}_{10}=\dot{Z}_R+\dot{Z}_L=10+j31.4\ \ \Omega;\quad \dot{Z}_{30}=\dot{Z}_C+\dot{Z}_L=-j0.45\ \ \Omega.$$

Il sistema risolvente, scritto in forma matriciale direttamente per ispezione visiva, è

$$\begin{bmatrix} \dot{Z}_{13}+\dot{Z}_{23}+\dot{Z}_{10} & -\dot{Z}_{23} \\ -\dot{Z}_{23} & \dot{Z}_{23}+\dot{Z}_{30} \end{bmatrix} \begin{bmatrix} \tilde{I}_{m1} \\ \tilde{I}_{m2} \end{bmatrix} = \begin{bmatrix} -\tilde{E}-\tilde{J}\,\dot{Z}_{10} \\ \tilde{E} \end{bmatrix}$$

da cui si ottiene

$$\tilde{I}_{m1} = 0.87+j1.58 \text{ A};$$
$$\tilde{I}_{m2} = 20.16+j13.98 \text{ A}.$$

Le correnti e le tensioni di ramo della rete assegnata sono quindi

$\tilde{I}_{31} = -\tilde{I}_{m1} = -0.87-j1.58$ A $\quad \tilde{U}_{10} = \dot{Z}_{10}\,\tilde{I}_{10} = 65.27-j20.93$ V
$\tilde{I}_{32} = \tilde{I}_{m1} - \tilde{I}_{m2} = -19.29-j12.40$ A $\quad \tilde{U}_{20} = \tilde{E} = 199.19+j115$ V
$\tilde{I}_{30} = \tilde{I}_{m2} = 20.16+j13.98$ A $\quad \tilde{U}_{30} = \dot{Z}_{30}\,\tilde{I}_{30} = 6.25-j9.02$ V
$\tilde{I}_{21} = -\tilde{J} = 0.866-j0.5$ A $\quad \tilde{U}_{32} = \dot{Z}_{32}\,\tilde{I}_{32} = -192.93-j124.02$ V
$\tilde{I}_{10} = \tilde{I}_{31} + \tilde{I}_{21} = -0.004-j2.08$ A $\quad \tilde{U}_{31} = \dot{Z}_{31}\,\tilde{I}_{31} = -59.02+j11.9$ V
$\tilde{I}_{20} = \tilde{I}_{32} - \tilde{I}_{21} = -20.16-j11.90$ A $\quad \tilde{U}_{21} = \tilde{U}_{31} - \tilde{U}_{32} = 133.92+j135.93$ V

Per calcolare la $i(t)$ richiesta, si deve antitrasformare il fasore

$$\tilde{I}_{13} = -\tilde{I}_{31} = 0.87 + j\,1.58 \text{ A}$$

da cui

$$i(t) = i_{13}(t) = \sqrt{2}\cdot|\tilde{I}_{13}|\cdot \text{sen}(314t+\varphi) = \sqrt{2}\cdot 1.804\cdot \text{sen}(314t+1.067) \text{ A}.$$

SOLUZIONI PROPOSTE PER I QUESITI E GLI ESERCIZI DELL'ESAME ID # : 019

1° QUESITO

Nei mezzi conduttori (e.g. in metalli come rame, argento e alluminio), gli elettroni più esterni degli atomi che compongono il reticolo cristallino sono liberi di muoversi. Gli elettroni liberi si muovono in maniera caotica a causa dell'agitazione termica, essendo comunque mediamente nulla la densità volumetrica netta della carica elettrica presente nel mezzo. Indicando con ρ_- la densità di carica negativa, con ρ_+ la densità di carica positiva, con *e* la carica del singolo elettrone e con n_0 la densità numerica degli elettroni liberi, poiché

$$\rho_- = -e\,n_0$$
$$\rho_+ = +e\,n_0$$

discende che

$$\rho_- + \rho_+ = 0$$

Applicando un campo elettrico esterno, **E**, gli elettroni liberi iniziano a muoversi con un moto ordinato nel verso opposto a quello del campo (come indicato in figura) e con una velocità, $\mathbf{v}_-$, in prima approssimazione, direttamente proporzionale al modulo dello stesso e pari a

$$\mathbf{v}_- = -\mu_e \mathbf{E}$$

in cui μ_e è la mobilità degli elettroni liberi. Al moto ordinato degli elettroni rimane associata una densità di corrente elettrica data da

$$\mathbf{J} = \rho_- v_- = e\,n_0 \mu_e \mathbf{E} = \sigma\,\mathbf{E}$$

che esprime la legge di Ohm puntuale, in cui σ è la conducibilità elettrica del mezzo conduttore (per conduttori perfetti $\sigma = \infty$).

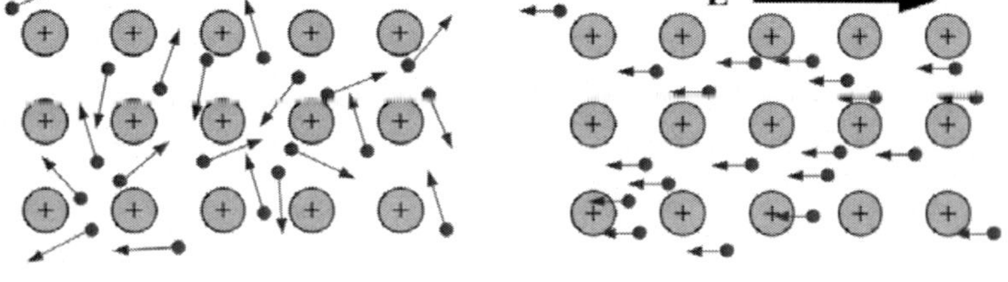

Applicando invece un campo elettrico esterno **E** ad un mezzo dielettrico (per dielettrici perfetti $\sigma=0$), le cariche positive e negative in esso presenti subiscono il fenomeno della polarizzazione per allineamento al campo elettrico esterno. Si generano così, internamente al dielettrico, dei dipoli elettrici, ciascuno dei quali avente momento di dipolo **p**=q**d**, essendo q la carica e **d** la distanza tra le due cariche uguali ed opposte componenti il dipolo, come indicato in figura.

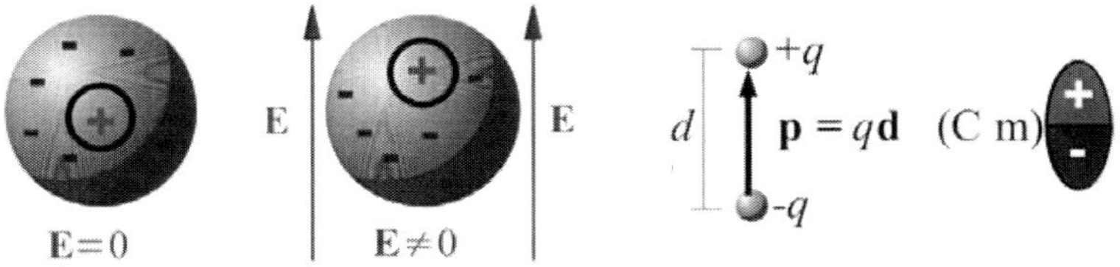

Da un punto di vista macroscopico, considerando un volume finito ΔV, contenente dipoli aventi momento di dipolo totale $\Delta \mathbf{p}$, il fenomeno è descritto introducendo il vettore polarizzazione elettrica **P**, definito come

$$\mathbf{P}=\lim_{\Delta V \to 0} \frac{\Delta \mathbf{p}}{\Delta V}.$$

L'effetto di polarizzazione del mezzo si traduce nella relazione generale

$$\mathbf{D}=\varepsilon_0 \mathbf{E}+\mathbf{P}.$$

Nel caso in cui il dielettrico sia lineare, isotropo ed omogeneo si ha che **P** è direttamente proporzionale ad **E**, per cui si può scrivere

$$\mathbf{P}=\varepsilon_0 \chi_e \mathbf{E}$$

dove χ_e è la suscettività elettrica del mezzo dielettrico. Sostituendo l'espressione di **P** nella relazione precedente, si ottiene

$$\mathbf{D}=\varepsilon_0 \mathbf{E}+\varepsilon_0 \chi_e \mathbf{E}$$

e posto

$$\varepsilon=\varepsilon_0(1+\chi_e) \quad \varepsilon_r=\frac{\varepsilon}{\varepsilon_0}=1+\chi_e$$

si perviene alla relazione costitutiva dei mezzi dielettrici

$$\mathbf{D}=\varepsilon \mathbf{E}=\varepsilon_0 \varepsilon_r \mathbf{E}.$$

2° QUESITO Data una rete trifase passiva simmetrica (nessuna ipotesi di simmetria viene cioè fatta per i componenti attivi), è sempre possibile, in qualsiasi sezione della rete, scrivere

$$\begin{bmatrix} \tilde{E}_d \\ \tilde{E}_i \\ \tilde{E}_0 \end{bmatrix} = \begin{bmatrix} \dot{Z}_d & 0 & 0 \\ 0 & \dot{Z}_i & 0 \\ 0 & 0 & \dot{Z}_0 \end{bmatrix} \begin{bmatrix} \tilde{I}_d \\ \tilde{I}_i \\ \tilde{I}_0 \end{bmatrix}$$

da cui discende che le tre reti di sequenza sono disaccoppiate tra loro. In questa ipotesi, è possibile quindi applicare i circuiti di sequenza per risolvere la rete. In generale, un guasto rende dissimmetrica la rete, relativamente alla sezione in cui esso avviene: nulla però impedisce di rappresentare il guasto attraverso una terna dissimmetrica di generazione (tale terna deve assumere valori che soddisfano le condizioni imposte dal tipo di guasto), mantenendo così la rete passiva simmetrica e potendo continuare ad applicare i circuiti di sequenza anche nello studio dei corto-circuiti. Si riporta di seguito un esempio.

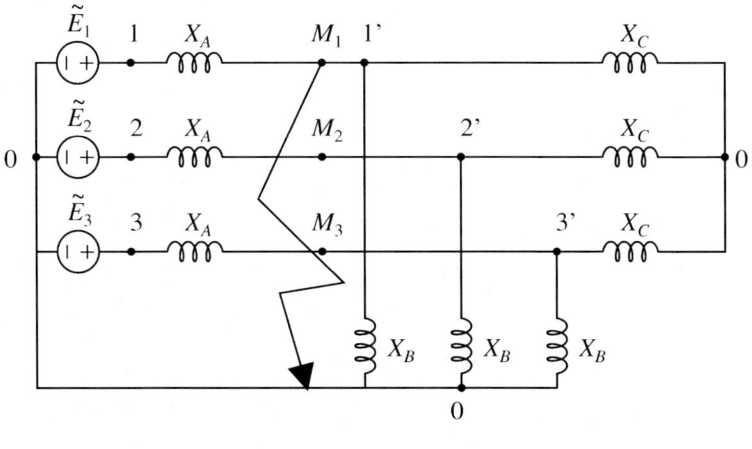

Nella sezione M si verifica un guasto tra la fase 1 e il neutro (morsetti M_1 e 0, rispettivamente). Le tre reti di sequenza, viste dalla sezione di guasto, sono le seguenti

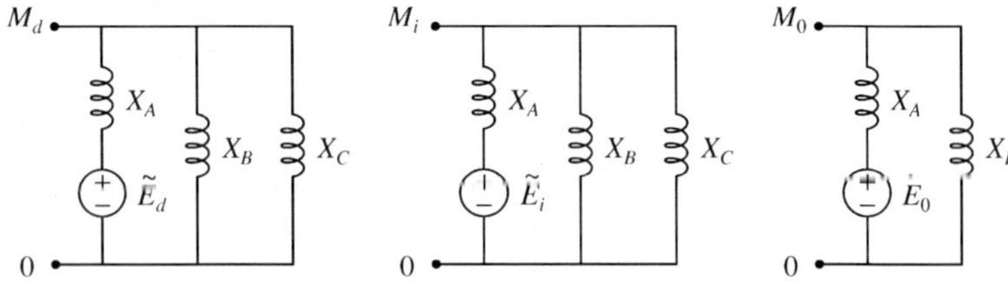

in cui $\tilde{E}_d$, $\tilde{E}_i$ ed $\tilde{E}_0$ sono le componenti di sequenza della terna di generazione $\tilde{E}_1$, $\tilde{E}_2$ ed $\tilde{E}_3$ (che in generale può essere non simmetrica diretta), e dove non compare nella rete di sequenza omopolare la reattanza X_C, poiché il relativo carico è collegato a stella senza neutro. Applicando il teorema di Thévenin si determinano i bipoli equivalenti.

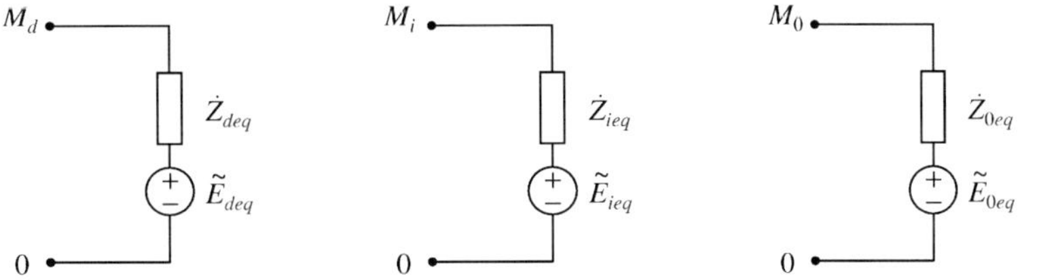

Il guasto monofase tra la fase 1 e il neutro 0 nella sezione M può essere simulato applicando in M una terna di generazione in cui sulla fase 1 è presente un generatore di tensione $\tilde{E}_{M1}$ =0 V, sulle fasi 2 e 3 rispettivamente 2 generatori di corrente $\tilde{J}_{M2} = \tilde{J}_{M3} =$ 0 A. Dalle condizioni sui generatori $\tilde{J}_{M2}$ e $\tilde{J}_{M3}$ si ottengono

$$\tilde{J}_{M2} = \dot{\alpha}^2 \tilde{J}_{Md} + \dot{\alpha} \tilde{J}_{Mi} + \tilde{J}_{M0} = 0$$
$$\tilde{J}_{M3} = \dot{\alpha} \tilde{J}_{Md} + \dot{\alpha}^2 \tilde{J}_{Mi} + \tilde{J}_{M0} = 0$$

che sono verificate solo se $\tilde{J}_{Md} = \tilde{J}_{Mi} = \tilde{J}_{M0}$, cioè se i circuiti di sequenza sono collegati in serie, mentre dall'altro vincolo si ottiene

$$\tilde{E}_{M1} = \tilde{E}_{Md} + \tilde{E}_{Mi} + \tilde{E}_{M0} = 0$$

che è verificata se la serie dei tre generatori equivalenti è cortocircuitata. In definitiva il circuito risultante è il seguente

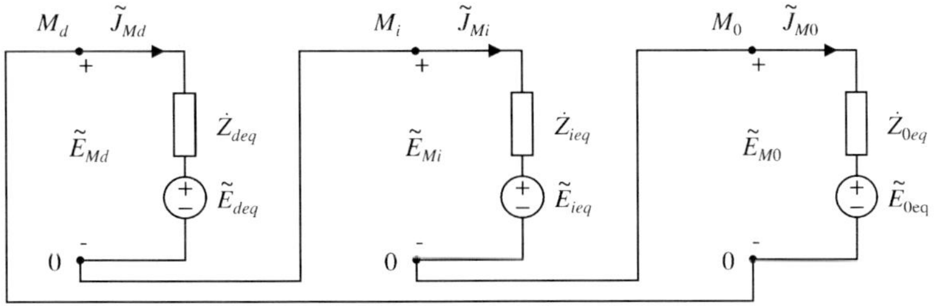

la cui soluzione fornisce i valori di $\tilde{J}_{Md} = \tilde{J}_{Mi} = \tilde{J}_{M0}$, da cui calcolare la corrente nel cortocircuito tra il morsetto M_1 e il neutro come

$$\tilde{J}_{M1} = \tilde{J}_{Md} + \tilde{J}_{Mi} + \tilde{J}_{M0}.$$

1° ESERCIZIO Il circuito magnetico, trascurando la riluttanza del materiale ferromagnetico, è il seguente

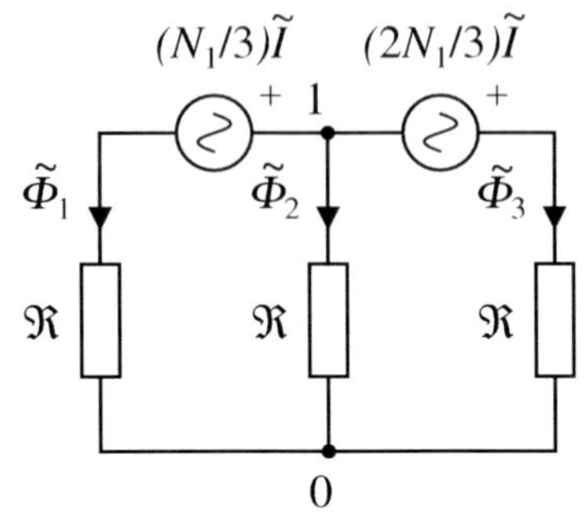

in cui

$$\tilde{I}=7.071+j7.071 \quad \text{A}$$
$$\Re=\frac{\delta}{\mu_0 A}=79577.472 \quad \frac{\text{A}}{\text{Wb}}.$$

Applicando la formula di Millman si ottiene

$$\tilde{U}_{10}=\frac{\frac{N_1\tilde{I}}{3\Re}-\frac{2N_1\tilde{I}}{3\Re}}{\frac{1}{\Re}+\frac{1}{\Re}+\frac{1}{\Re}}=-707.107-j707.107 \quad \text{A}.$$

Il flusso $\tilde{\Phi}_2$ vale quindi

$$\tilde{\Phi}_2=\frac{\tilde{U}_{10}}{\Re}=-0.0089-j0.0089 \quad \text{Wb}$$

e il flusso concatenato con l'avvolgimento di N_2 spire è

$$\tilde{\Phi}_{2c}=N_2\tilde{\Phi}_2=-4.443-j4.443 \quad \text{Wb}$$

che nel dominio della frequenza diventa

$$\Phi_{2c}(t)=\sqrt{2}\,6.283\,\text{sen}(314t-2.356) \quad \text{Wb}.$$

La f.e.m. *e*(*t*) indotta sull'avvolgimento, orientata secondo il verso indicato nel testo dell'esercizio, è

$$e(t)=-\frac{d\Phi_{2c}(t)}{dt}=\sqrt{2}\cdot 6.283\cdot 314\cos(314t-2.356)$$
$$e(t)\approx\sqrt{2}\,1973\cos(314t-2.356) \quad \text{V}.$$

2° ESERCIZIO L'esercizio si risolve applicando il teorema di Thévenin, i.e. distaccando il bipolo R_4 ai capi dei morsetti 0-1, come illustrato in figura.

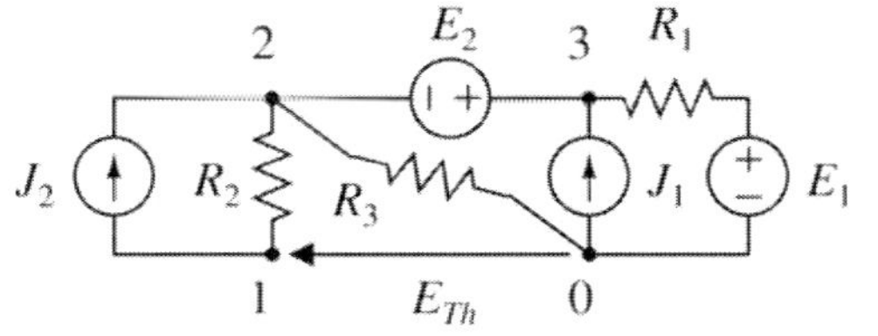

La E_{Th} è la differenza di potenziale tra i morsetti 1 e 0 ($E_{Th}=V_1-V_0$). Per calcolarla, si sceglie di risolvere la rete col metodo delle maglie; spostando il generatore J_1

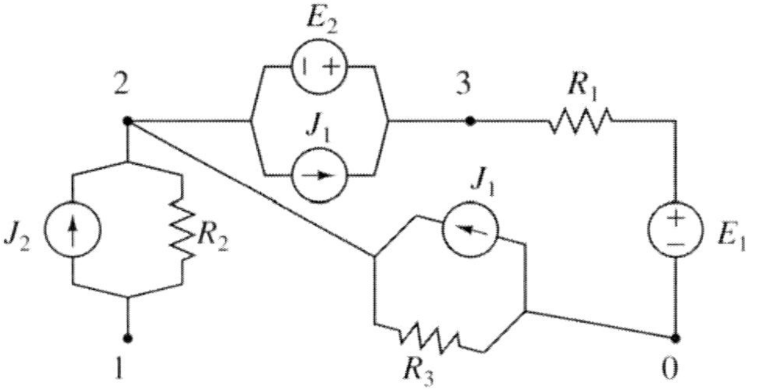

e rappresentando Thévenin tutti i lati, si ottiene la seguente rete equivalente.

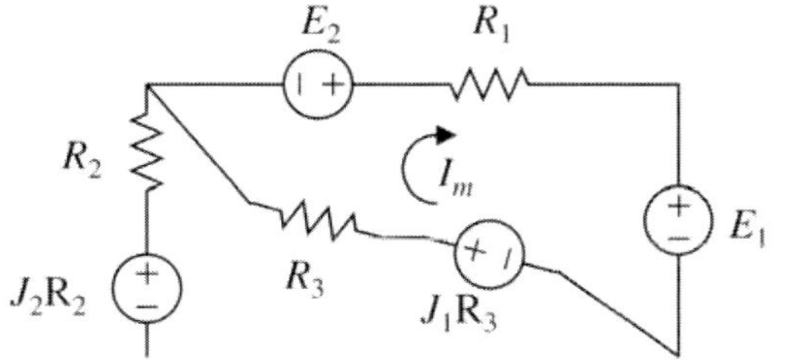

La rete ha un'unica maglia, per cui è immediato il calcolo di I_m

$$I_m = \frac{J_1 R_3 + E_2 - E_1}{R_1 + R_3} = 0.5 \quad A.$$

Conseguentemente, la E_{Th} vale

$$E_{Th} = -R_2 J_2 - R_3 I_m + R_3 J_1 = -5 \quad V.$$

Si procede ora al calcolo della resistenza equivalente di Thévenin vista da i morsetti 0 e 1, dopo aver reso passiva la rete.

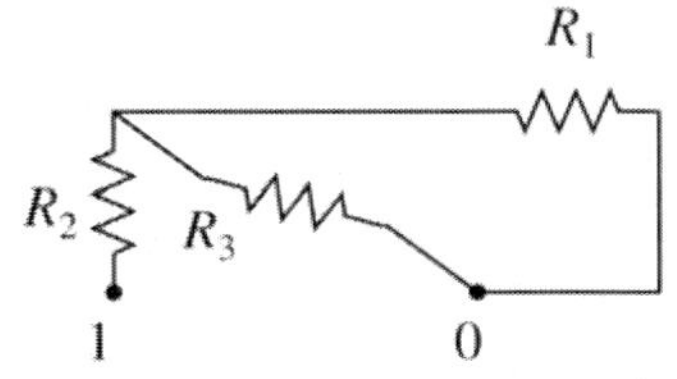

La R_{Th} è data dalla serie tra R_2 e l'equivalente parallelo di R_3 ed R_1, cioè

$$R_{Th} = R_2 + \frac{R_1 R_3}{R_1 + R_3} = 15 \quad \Omega.$$

A questo punto si può facilmente calcolare la potenza assorbita da R_4 (caso *a* della figura seguente) e da R_{ad}=R_{Th} (caso *b* della figura seguente)

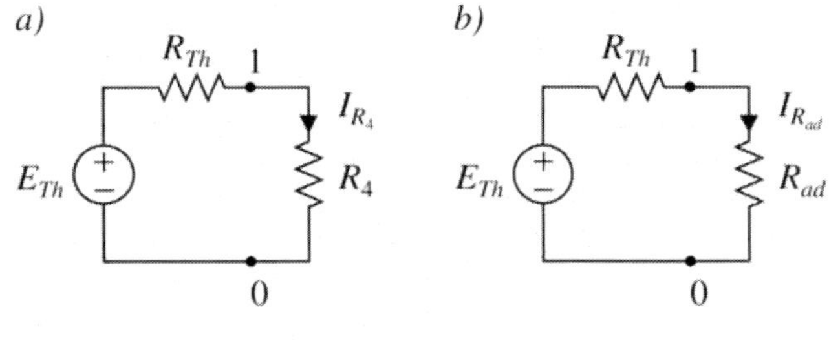

$$I_{R_4} = \frac{E_{Th}}{R_{Th} + R_4} = -0.25 \quad A \quad \Rightarrow \quad P_{R_4} = R_4 I_{R_4}^2 = 0.3125 \quad W$$

$$I_{R_{ad}} = \frac{E_{Th}}{2 R_{Th}} = -0.1\overline{6} \quad A \quad \Rightarrow \quad P_{R_{ad}} = R_{ad} I_{R_{ad}}^2 = 0.41\overline{6} \quad W.$$

SOLUZIONI PROPOSTE PER I QUESITI E GLI ESERCIZI DELL'ESAME ID # : 020

1° QUESITO Il flusso per unità di lunghezza attraverso la superficie sottesa dai 2 conduttori vale

$$\Phi'_e = i\frac{\mu_0}{\pi}\ln\frac{d-a}{a}\quad\frac{\text{Wb}}{\text{m}}$$

per cui la corrispondente induttanza per unità di lunghezza è

$$L' = \frac{\Phi'_e}{i} = \frac{\mu_0}{\pi}\ln\frac{d-a}{a}\quad\frac{\text{H}}{\text{m}}.$$

Tale espressione, poiché non tiene conto del flusso all'interno dei conduttori, in realtà definisce solo l'induttanza esterna della linea bifilare. Per ciascun conduttore l'induttanza interna si esprime come

$$L'_i = \frac{\mu_0}{8\pi}\quad\frac{\text{H}}{\text{m}}$$

per cui l'induttanza per unità di lunghezza della linea bifilare diventa

$$L'_{tot} = L' + 2L'_i = \frac{\mu_0}{\pi}\left(\ln\frac{d-a}{a} + \frac{1}{4}\right)\quad\frac{\text{H}}{\text{m}}.$$

2° QUESITO Si considerino tre bipoli resistivi R_{10}, R_{20} e R_{30} collegati a stella (coll. A) e tre bipoli resistivi R_{12}, R_{13} e R_{23} collegati a triangolo (coll. B).

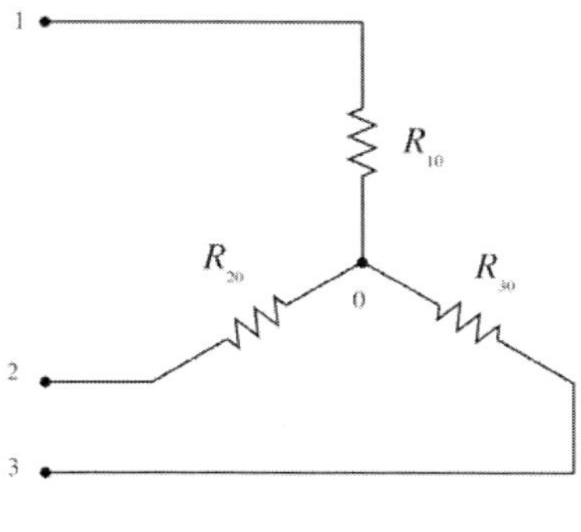

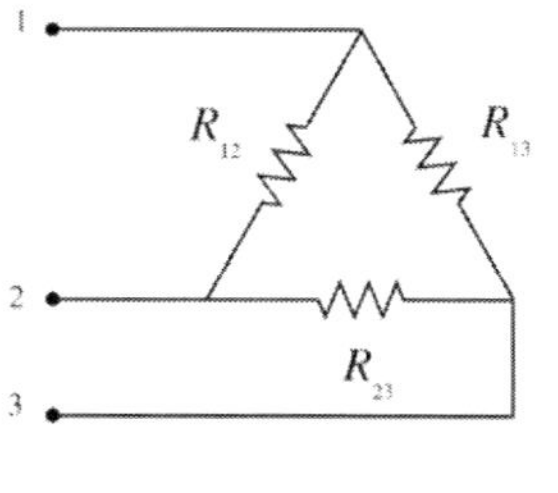

Affinché ci sia equivalenza elettrica tra i due collegamenti, le resistenze viste da una coppia qualsiasi di morsetti devono essere uguali, cioè deve risultare

$$\text{morsetti 1-2:}\quad R_{10}+R_{20}=\frac{R_{12}(R_{13}+R_{23})}{R_{12}+R_{13}+R_{23}}$$

$$\text{morsetti 1-3:}\quad R_{10}+R_{30}=\frac{R_{13}(R_{12}+R_{23})}{R_{12}+R_{13}+R_{23}}$$

$$\text{morsetti 2-3:}\quad R_{20}+R_{30}=\frac{R_{23}(R_{12}+R_{13})}{R_{12}+R_{13}+R_{23}}.$$

Supponendo note le resistenze del collegamento a stella, mettendo a sistema le tre equazioni si ottengono le espressioni delle resistenze equivalenti a triangolo

$$N=R_{10}R_{20}+R_{20}R_{30}+R_{30}R_{10}$$

$$R_{12}=\frac{N}{R_{30}}\qquad R_{23}=\frac{N}{R_{10}}\qquad R_{13}=\frac{N}{R_{20}}.$$

Supponendo note le resistenze del collegamento a triangolo, mettendo a sistema le tre equazioni, si ottengono le espressioni delle resistenze equivalenti a stella

$$D=R_{12}+R_{13}+R_{23}$$

$$R_{10}=\frac{R_{12}R_{13}}{D}\qquad R_{20}=\frac{R_{12}R_{23}}{D}\qquad R_{30}=\frac{R_{13}R_{23}}{D}.$$

1° ESERCIZIO L'energia elettrostatica W_s immagazzinata in un volume V si calcola in generale come

$$W_s=\int_V \frac{1}{2}\varepsilon_0\varepsilon_r\,\mathbf{E}\cdot\mathbf{E}\,dV.$$

Nel caso in esame, sostituendo l'espressione di **E** ed eseguendo il prodotto scalare, si ottiene

$$W_s=\frac{1}{2}\varepsilon_0\varepsilon_r\int_{-1}^{1}\int_{0}^{2}\int_{0}^{3}[(x^2+2z)^2+x^4+(-y-z)^2]\,dx\,dy\,dz.$$

Risolvendo l'integrale triplo e sostituendo i valori di ε_0 ed ε_r, si ha

$$W_s = \frac{1}{2} \cdot 8.854 \cdot 10^{-12} \cdot 4 \cdot \frac{1304}{5} = 4.618 \cdot 10^{-9} \ \text{J}.$$

2° ESERCIZIO La rete assegnata è simmetrica ed equilibrata, per cui può essere studiata mediante il proprio circuito monofase equivalente. Occorre a tal fine trasformare a stella sia la terna di generazione che il carico, ambedue collegate a triangolo, ottenendo

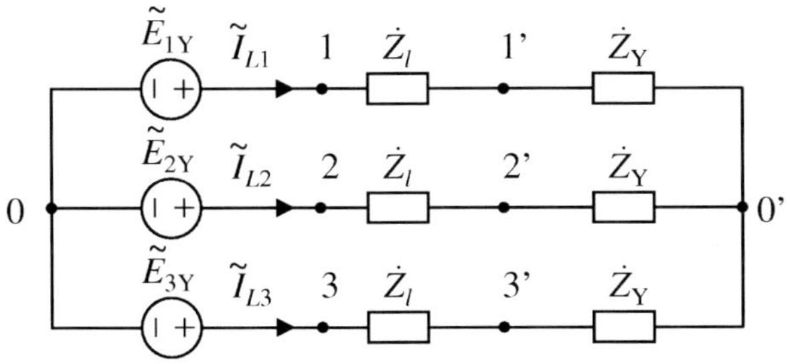

dove

$$\tilde{E}_{1Y} = \frac{\tilde{E}_1}{\sqrt{3}} e^{-j\frac{\pi}{6}} = 115.47 + j\,200 \ \ \text{V};$$

$$\tilde{E}_{2Y} = \tilde{E}_{1Y} e^{-j\frac{2}{3}\pi};$$

$$\tilde{E}_{3Y} = \tilde{E}_{2Y} e^{-j\frac{2}{3}\pi};$$

$$\dot{Z}_Y = \frac{\dot{Z}_1}{3} = 1.667 + j\,1.333 \ \ \Omega.$$

Il circuito monofase equivalente della rete assegnata è il seguente

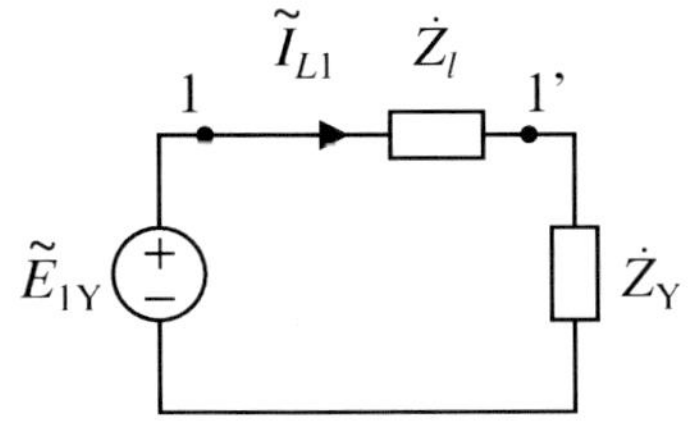

in cui la corrente di linea $\tilde{I}_{L1}$ vale

$$\tilde{I}_{L1}=\frac{\tilde{E}_{1Y}}{\dot{Z}_l+\dot{Z}_Y}=70.96+j18.73 \quad \text{A.}$$

Le perdite Joule sulla linea trifase, P_J, sono

$$P_J=\Re\left(3\dot{Z}_l|\tilde{I}_{L1}|^2\right)=8887.64 \quad \text{W}$$

mentre il fattore di potenza del carico vale

$$\cos\varphi=\cos\left(\arctan\left(\frac{\Im(3\dot{Z}_Y|\tilde{I}_{L1}|^2)}{\Re(3\dot{Z}_Y|\tilde{I}_{L1}|^2)}\right)\right)=0.781.$$

Per innalzare il fattore di potenza a $\cos\varphi'=0.92$, si inserisce, in parallelo al carico e collegato a triangolo, un banco di condensatori di rifasamento. La capacità, C_{rif}, da assegnare a ciascun condensatore è

$$C_\Delta=\frac{P(\tan\varphi-\tan\varphi')}{3\omega U^2}$$

in cui P è la potenza attiva assorbita dal carico

$$P=\Re(3\dot{Z}_Y|\tilde{I}_{L1}|^2)=26932.25 \quad \text{W}$$

ω la pulsazione, che, assumendo per la frequenza f il valore di 50 Hz, vale

$$\omega=2\pi f=314 \quad \text{rad}\cdot\text{s}^{-1}$$

e U, il modulo della tensione ai capi di ciascun condensatore, non è altro che il modulo della concatenata corrispondente alla tensione ai capi di $\dot{Z}_Y$, cioè

$$U=\sqrt{3}|\dot{Z}_Y\tilde{I}_{L1}|=271.32 \quad \text{V.}$$

Sostituendo nella formula, si calcola $C_\Delta=145.2 \ \mu\text{F}$.
Per calcolare le perdite attive in linea dopo il rifasamento, si considera il nuovo circuito monofase equivalente, in cui si è riportato a stella il banco di condensatori.

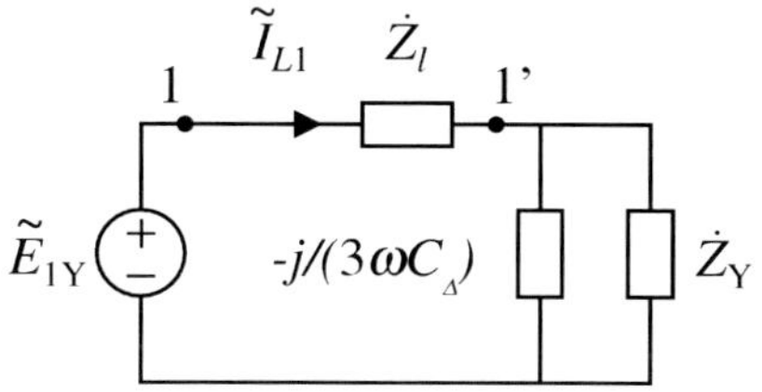

Il nuovo valore della corrente di linea $\tilde{I}_{L1}$ è

$$\tilde{I}_{L1}=\frac{\tilde{E}_{1Y}}{\dot{Z}_l+\dfrac{\dfrac{1}{j\omega 3C_{rif}}\dot{Z}_Y}{\dfrac{1}{j\omega 3C_{rif}}+\dot{Z}_Y}}=60.21+j30.20 \quad \text{A}$$

per cui

$$P_J=\Re\left(3\dot{Z}_l\left|\tilde{I}_{L1}\right|^2\right)=7846.26 \quad \text{W}.$$

SOLUZIONI PROPOSTE PER I QUESITI E GLI ESERCIZI DELL'ESAME ID # : 021

1° QUESITO L'espressione della capacità per unità di lunghezza di un cavo coassiale è

$$C'=\frac{2\pi\varepsilon_0\varepsilon_r}{\ln(b/a)}\ \frac{\mathrm{F}}{\mathrm{m}}.$$

2° QUESITO Si consideri un generico bipolo convenzionato da utilizzatore

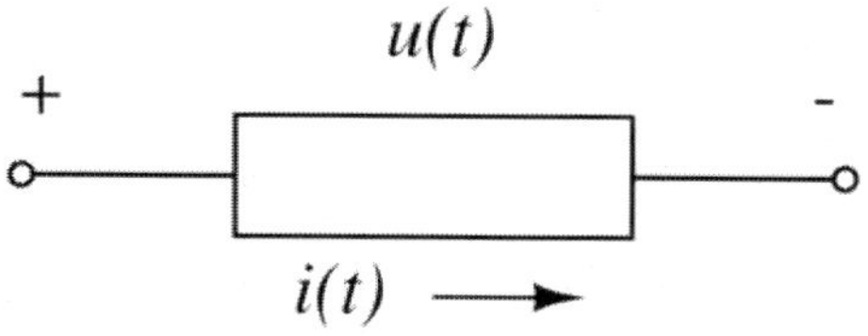

Tensione e corrente valgono rispettivamente

$$u(t)=\sqrt{2}\,U\,\mathrm{sen}(\omega t+\alpha);$$
$$i(t)=\sqrt{2}\,I\,\mathrm{sen}(\omega t+\beta).$$

La potenza istantanea entrante nel bipolo è

$$p(t)=u(t)\,i(t)=\sqrt{2}\,U\,\mathrm{sen}(\omega t+\alpha)\sqrt{2}\,I\,\mathrm{sen}(\omega t+\beta)$$

che, applicando le formule di Werner e ponendo $\varphi=\alpha-\beta$ (φ è l'angolo di sfasamento tra tensione e corrente, o più precisamente la fase di anticipo della tensione sulla corrente), fornisce

$$p(t)=\frac{2UI}{2}\cos(\alpha-\beta)-\frac{2UI}{2}\cos(2\omega t+\alpha+\beta)=$$
$$=UI\cos\varphi-UI\cos(2\omega t+\alpha+\beta).$$

La potenza istantanea è la somma di due termini, uno costante nel tempo e uno variabile sinusoidalmente a pulsazione 2ω. Si definisce potenza attiva *P*, in un sistema a regime sinusoidale, il valor medio in un periodo della potenza istantanea, cioè

$$P=\frac{1}{T}\int_T p(t)\,dt=UI\cos\varphi$$

che coincide col termine costante nel tempo della potenza istantanea, dato che il termine variabile, detto potenza fluttuante, è a valor medio nullo.
La potenza attiva ha dimensione fisica di watt [W], come la potenza istantanea, e il suo valore, oltre a dipendere dai valori efficaci di tensione e corrente del bipolo, dipende anche dallo sfasamento: la *P* assorbita è massima e pari a *UI* se tensione e corrente sono in fase ($\cos\varphi=1$), cioè se il bipolo è una resistenza; la *P* assorbita è minima e pari a *–UI* se tensione e corrente sono in opposizione di fase ($\cos\varphi=-1$), cioè se il bipolo è un generatore; è nulla se tensione e corrente sono in quadratura di fase ($\cos\varphi=0$), cioè se il bipolo è una induttanza ($\varphi=\pi/2$) o una capacità ($\varphi=-\pi/2$).

1° ESERCIZIO

La corrente *I*, che attraversa il conduttore rettilineo indefinito, produce in *O* un campo magnetico **H** in direzione ortogonale al foglio, con verso uscente dal foglio e di intensità

$$H=\frac{I}{2\pi d}\approx 3.98\ \frac{\text{A}}{\text{m}}.$$

Affinché il campo magnetico totale in *O* sia nullo, dovrà perciò scorrere nella bobina la corrente

$$I_{bobina}=\frac{2aH}{N}\approx 0.796\ \text{A}$$

nel verso orario.

2° ESERCIZIO

Il rapporto tra tensione in uscita, $\tilde{U}_u$, e tensione in ingresso, $\tilde{U}_i$, è unitario solo quando l'impedenza $\dot{Z}_s$ vista dal generatore, data dalla serie dell'induttanza *L*, la capacità *C* e la resistenza *R*, è puramente resistiva, cioè

$$\dot{Z}_s = R + j\left(\omega L - \frac{1}{\omega C}\right) = R$$

da cui si calcola

$$\omega_0 L = \frac{1}{\omega_0 C} \quad \Rightarrow \quad 2\pi f_0 = \frac{1}{\sqrt{LC}} \quad \Rightarrow \quad f_0 \approx 50005.23 \text{ Hz}$$

dove f_0 non è altro che la frequenza di risonanza del circuito *RLC* serie assegnato.
Il fattore di merito del circuito, Q_0, vale

$$Q_0 = \frac{1}{R}\sqrt{\frac{L}{C}} \approx 5.003 .$$

Il modulo della funzione di trasferimento ha espressione

$$|H(f)| = \left|\frac{\tilde{U}_u}{\tilde{U}_i}\right| = \frac{R}{\sqrt{R^2 + \left(2\pi f L - \frac{1}{2\pi f C}\right)^2}}$$

il cui andamento in funzione della frequenza f di alimentazione, per valori da 0 a 100 kHz, è

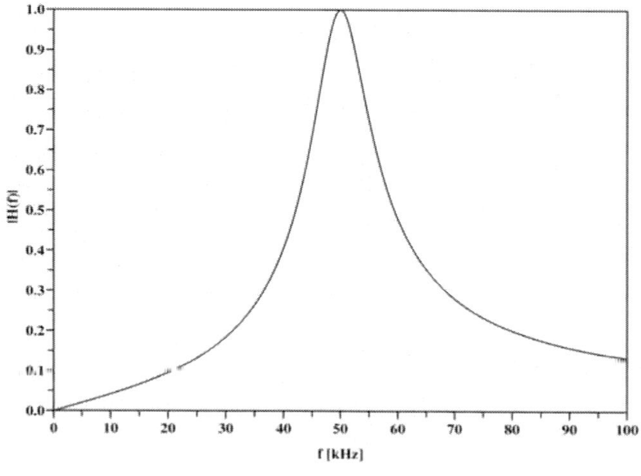

SOLUZIONI PROPOSTE PER I QUESITI E GLI ESERCIZI DELL'ESAME ID #: 022

1° QUESITO

Un filo indefinito, posto in un mezzo a permeabilità magnetica μ e percorso dalla corrente I, genera un campo vettoriale, detto induzione magnetica e indicato con **B**, esprimibile tramite la legge di Biot-Savart come

$$\mathbf{B}=\boldsymbol{\phi}\frac{\mu I}{2\pi r}.$$

Da questa espressione, facendo uso della relazione costitutiva dei mezzi magnetici, si può definire il vettore campo magnetico **H** come

$$\mathbf{H}=\frac{\mathbf{B}}{\mu}=\boldsymbol{\phi}\frac{I}{2\pi r}.$$

Un'altra definizione può essere data attraverso la forza di Lorentz

$$\mathbf{F}(\mathbf{r},t)=q(\mathbf{E}(\mathbf{r},t)+\mathbf{v}(\mathbf{r},t)\times\mathbf{B}(\mathbf{r},t)).$$

Una volta misurato $\mathbf{E}(\mathbf{r},t)$, si attribuisce a q dapprima una velocità $\mathbf{v}_1(\mathbf{r},t)$, misurando $\mathbf{F}_1(\mathbf{r},t)$, poi una velocità $\mathbf{v}_2(\mathbf{r},t)$, non parallela a $\mathbf{v}_1$, misurando $\mathbf{F}_2(\mathbf{r},t)$. Le due misure così effettuate permettono di individuare univocamente $\mathbf{B}(\mathbf{r},t)$, nell'ipotesi che $\mathbf{E}(\mathbf{r},t)$ e $\mathbf{B}(\mathbf{r},t)$ non siano variati nell'intervallo di tempo tra le due misure. Noto **B**, si risale ad **H** ancora attraverso la relazione costitutiva $\mathbf{B}=\mu\,\mathbf{H}$.
Le proprietà fondamentali del campo magnetico si ricavano dalle equazioni di Maxwell. Dalla seconda equazione

$$\nabla\cdot\mathbf{B}=0$$

si ricava la solenoidalità di **B** e **H** (le linee di campo sono linee chiuse, non hanno quindi né origine né fine), mentre dalla quarta equazione (detta anche *legge di Ampére-Maxwell*)

$$\nabla\times\mathbf{H}=\mathbf{J}+\frac{\partial\mathbf{D}}{\partial t}$$

si ricava che la circuitazione di **H** lungo una qualsiasi linea chiusa l_c è pari alla corrente totale concatenata con l_c.

2° QUESITO

Sia assegnata la rete in figura

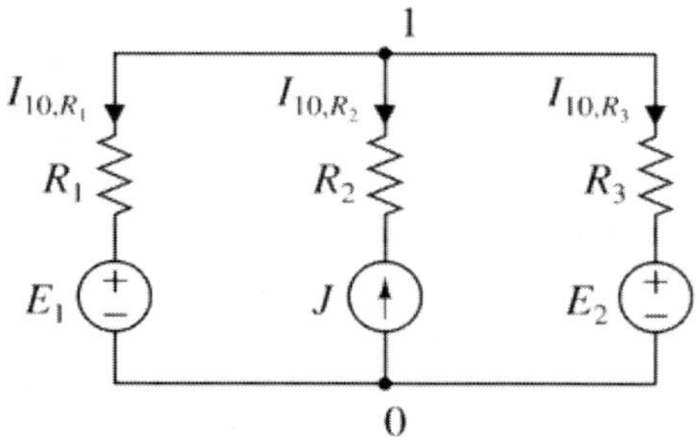

Per risolvere la rete, sono da determinare le tre correnti di ramo $I_{10,R1}$, $I_{10,R2}$, $I_{10,R3}$ e la tensione $U_{10}=V_1-V_0$. L'applicazione del principio di sovrapposizione degli effetti consente di ottenere la soluzione della rete come somma delle soluzioni di 3 sottoreti, in ciascuna delle quali agisce un singolo generatore, mentre vengono annullati gli effetti degli altri due (spegnere un generatore di tensione equivale a sostituirlo con un cortocircuito, spegnere un generatore di corrente equivale ad aprire il ramo in cui esso è presente).

Generatore E_1:

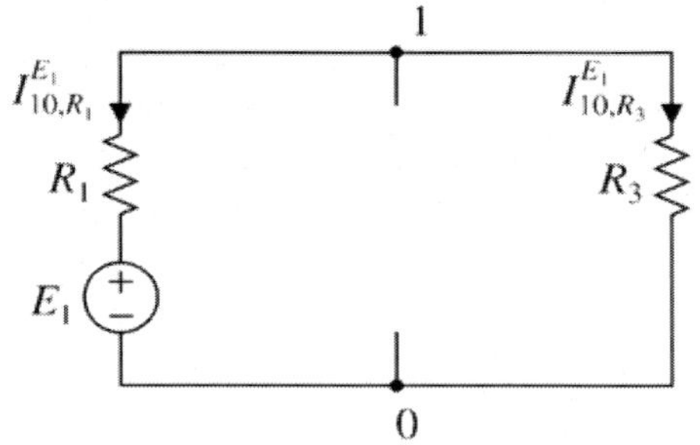

$$I^{E_1}_{10,R_1} = -\frac{E_1}{R_1+R_3}$$

$$I^{E_1}_{10,R_2} = 0$$

$$I^{E_1}_{10,R_3} = \frac{E_1}{R_1+R_3}$$

$$U^{E_1}_{10} = E_1 + R_1 I^{E_1}_{10,R_1}$$

Generatore E_2:

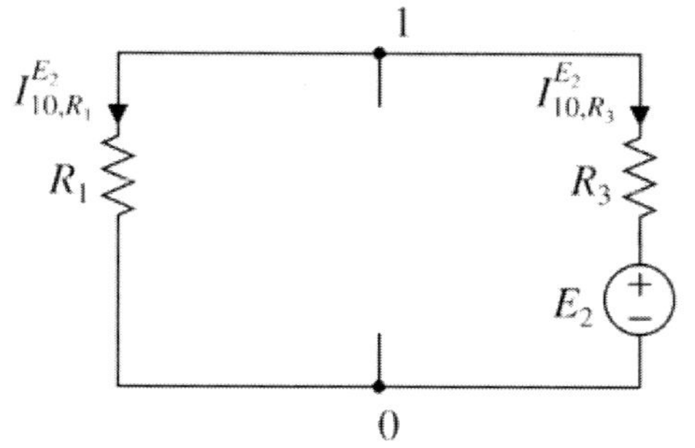

$$I^{E_2}_{10,R_1}=\frac{E_2}{R_1+R_3}$$
$$I^{E_2}_{10,R_2}=0$$
$$I^{E_2}_{10,R_3}=-\frac{E_2}{R_1+R_3}$$
$$U^{E_2}_{10}=E_2+R_3 I^{E_2}_{10,R_3}$$

Generatore J:

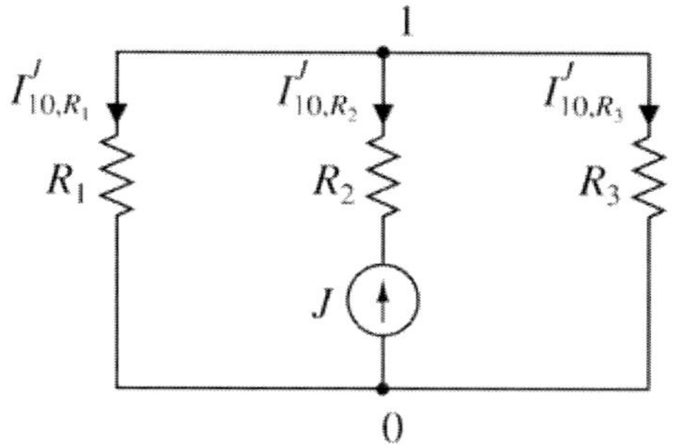

$$U^{J}_{10}=\frac{J}{\frac{1}{R_1}+\frac{1}{R_3}}$$
$$I^{J}_{10,R_1}=\frac{U^{J}_{10}}{R_1}$$
$$I^{J}_{10,R_2}=-J$$
$$I^{J}_{10,R_3}=\frac{U^{J}_{10}}{R_3}$$

A questo punto, la soluzione della rete è calcolabile come

$$I_{10,R_1}=I^{E_1}_{10,R_1}+I^{E_2}_{10,R_1}+I^{J}_{10,R_1};$$
$$I_{10,R_2}=I^{E_1}_{10,R_2}+I^{E_2}_{10,R_2}+I^{J}_{10,R_2};$$
$$I_{10,R_3}=I^{E_1}_{10,R_3}+I^{E_2}_{10,R_3}+I^{J}_{10,R_3};$$
$$U_{10}=U^{E_1}_{10}+U^{E_2}_{10}+U^{J}_{10}.$$

1° ESERCIZIO La tensione che si manifesta tra i contatti striscianti si calcola con la relazione

$$U=\int_0^l \mathbf{v}\times\mathbf{B}\cdot d\,\mathbf{l}$$

ove si è orientato $d\mathbf{l}$ come l'asse z.

La velocità vale in modulo

$$v=\omega a=2\pi\frac{n}{60}a\cdot 10^{-2}\approx 6.283\ \ \frac{\text{m}}{\text{s}}$$

ed è ortogonale a **B**, per cui il prodotto vettoriale $\mathbf{v}\times\mathbf{B}$ ha come risultato un vettore di modulo vB costante, diretto come l'asse z ma in verso opposto. L'integrale vale quindi

$$U=-vBl=-6.283\cdot 6\cdot 10^{-3}\cdot 10\cdot 10^{-2}\approx -0.00377\ \ \text{V}\,.$$

2° ESERCIZIO Per applicare il metodo simbolico occorre calcolare il fasore della tensione impressa e le impedenze associate a ciascun componente

$$\tilde{E}=\frac{325}{\sqrt{2}}\ \ \text{V}$$

$$\dot{Z}_R=10\ \ \Omega \qquad \dot{Z}_L=j\,659.734\ \ \Omega \qquad \dot{Z}_C=-j\,1.5158\ \ \Omega$$

$$\dot{Z}_{L_1}=j\,659.734\ \ \Omega \quad \dot{Z}_{L_2}=j\,131.947\ \ \Omega \quad |M|=k\sqrt{L_1L_2}\approx 0.1789\ \ \text{H.}$$

Lo studio di questa rete potrà essere convenientemente eseguito rappresentando il mutuo accoppiamento fra i due bipoli induttivi mediante due generatori ideali di tensione dipendenti (ovvero generatori ideali di tensione controllati in corrente), ad esempio ed in modo del tutto arbitrario, entrambi convenzionati da generatori rispetto al riferimento positivo scelto per le fittizie correnti di maglia (da cui discende il segno meno presente nella loro espressione), così come illustrato in figura.

Il giusto segno di M dovrà poi essere attribuito con riferimento alla convenzione dei punti adottata rispetto ai versi di riferimento positivi assunti per le fittizie correnti di maglia (se le correnti sono entrambi concordi, i.e. entrano, o discordi, i.e. escono, dai morsetti dei bipoli contrassegnati con i punti, allora M sarà positivo, altrimenti se una corrente è concorde e l'altra è discorde allora M sarà negativo).

Applicando il metodo simbolico, e scegliendo di risolvere col metodo delle maglie, si perviene alla rete seguente:

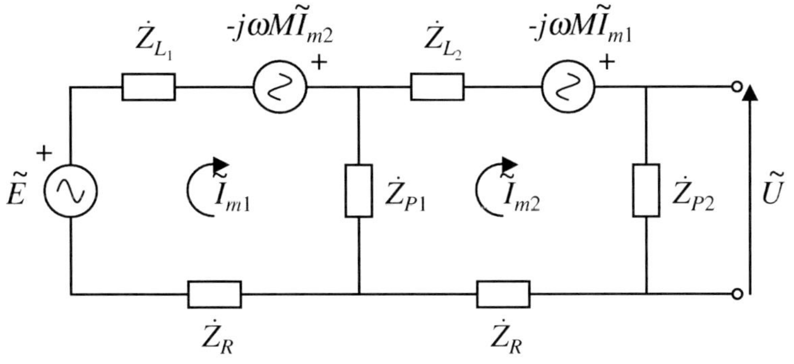

in cui

$$\dot{Z}_{pl}=\left(\frac{1}{\dot{Z}_R}+\frac{1}{\dot{Z}_L}+\frac{1}{\dot{Z}_C}\right)^{-1}=0.226-j1.485\ \ \Omega$$
$$\dot{Z}_{p2}=\left(\frac{1}{\dot{Z}_L}+\frac{1}{\dot{Z}_C}\right)^{-1}=-j1.519\ \ \Omega.$$

Con i versi di riferimento scelti per le correnti di maglia, il segno di M è positivo. Il sistema risolvente è

$$\tilde{E}=(\dot{Z}_R+\dot{Z}_{pl}+\dot{Z}_{L_1})\tilde{I}_{m1}+(j\omega M-\dot{Z}_{pl})\tilde{I}_{m2}$$
$$0=(j\omega M-\dot{Z}_{pl})\tilde{I}_{m1}+(\dot{Z}_{pl}+\dot{Z}_R+\dot{Z}_{L_2}+\dot{Z}_{p2})\tilde{I}_{m2}$$

le cui soluzioni sono

$$\tilde{I}_{m1}=0.201-j0.987\text{ A};$$
$$\tilde{I}_{m2}=-0.513+j1.777\text{ A}.$$

La potenza apparente complessa generata vale

$$\dot{S}_{gen}=\tilde{E}\tilde{I}^*_{m1}=46.209+j226.855\ \ \text{VA}$$

mentre il fasore $\tilde{U}$ vale

$$\tilde{U}=\dot{Z}_{p2}\tilde{I}_{m2}=2.700+j0.779\ \ \text{V}$$

per cui l'espressione di $u(t)$ è

$$u(t)=\sqrt{2}\cdot 2.81\cdot \text{sen}(1319.4689t+0.2810)\ \ \text{V}.$$

SOLUZIONI PROPOSTE PER I QUESITI E GLI ESERCIZI DELL'ESAME ID # : 023

1° QUESITO Poiché è $\mu \gg \mu_0$, si può trascurare la riluttanza dei tratti di circuito magnetico in materiale ferromagnetico, indicando con

$$\Re = \frac{\delta}{\mu_0 A}$$

la riluttanza di ciascun tratto in aria.

Calcolo dei coefficienti di induzione L_1, $M_{21}=M_{12}$ e $M_{31}=M_{13}$

Il circuito elettrico equivalente è

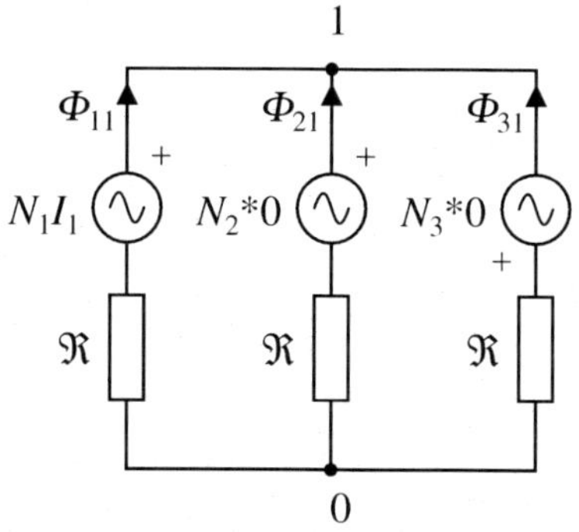

La riluttanza totale vista dal generatore è

$$\Re_{tot} = \frac{\Re}{2} + \Re = \frac{3}{2}\Re$$

per cui si ottiene

$$\Phi_{11} = \frac{N_1 I_1}{3/2\,\Re} = \frac{2 N_1 I_1}{3\Re}$$

e

$$L_1 = \frac{\Phi_{11c}}{I_1} = \frac{N_1 \Phi_{11}}{I_1} = \frac{2 N_1^2}{3 \Re}.$$

Noto Φ_{11}, si puo calcolare la tensione U_{10}

$$U_{10} = N_1 I_1 - \Re \Phi_{11} = \frac{N_1 I_1}{3}$$

da cui

$$\Phi_{21} = -\frac{U_{10}}{\Re} = -\frac{N_1 I_1}{3 \Re} \quad \Rightarrow \quad M_{21} = \frac{\Phi_{21c}}{I_1} = \frac{N_2 \Phi_{21}}{I_1} = -\frac{N_1 N_2}{3 \Re} = M_{12};$$

$$\Phi_{31} = -\frac{U_{10}}{\Re} = -\frac{N_1 I_1}{3 \Re} \quad \Rightarrow \quad M_{31} = \frac{\Phi_{31c}}{I_1} = -\frac{N_3 \Phi_{31}}{I_1} = \frac{N_1 N_3}{3 \Re} = M_{13}.$$

Calcolo dei coefficienti di induzione L_2 e M_{32}=M_{23}
Il circuito elettrico equivalente è

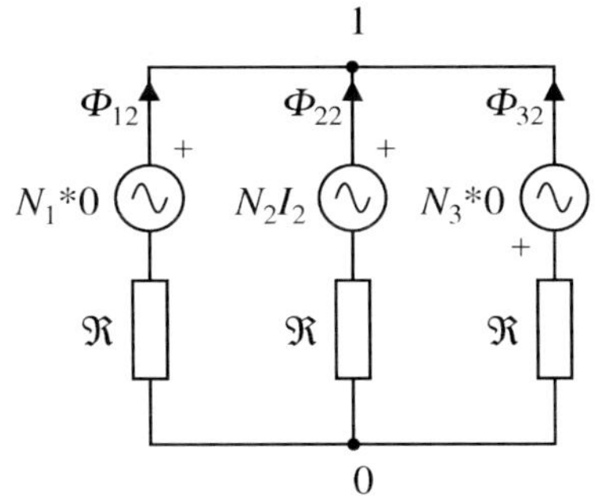

La riluttanza totale vista dal generatore è

$$\Re_{tot} = \frac{\Re}{2} + \Re = \frac{3}{2} \Re$$

per cui si ottiene

$$\Phi_{22} = \frac{N_2 I_2}{3/2 \Re} = \frac{2 N_2 I_2}{3 \Re}$$

e

$$L_2 = \frac{\Phi_{22c}}{I_2} = \frac{N_2 \Phi_{22}}{I_2} = \frac{2 N_2^2}{3 \Re}.$$

Noto Φ_{22}, si puo calcolare la tensione U_{10}

$$U_{10} = N_2 I_2 - \Re \, \Phi_{22} = \frac{N_2 I_2}{3}$$

da cui

$$\Phi_{32} = -\frac{U_{10}}{\Re} = -\frac{N_2 I_2}{3 \Re} \quad \Rightarrow \quad M_{32} = \frac{\Phi_{32c}}{I_2} = -\frac{N_3 \Phi_{32}}{I_2} = \frac{N_3 N_2}{3 \Re} = M_{23}.$$

Calcolo del coefficiente di induzione L_3
Il circuito elettrico equivalente è

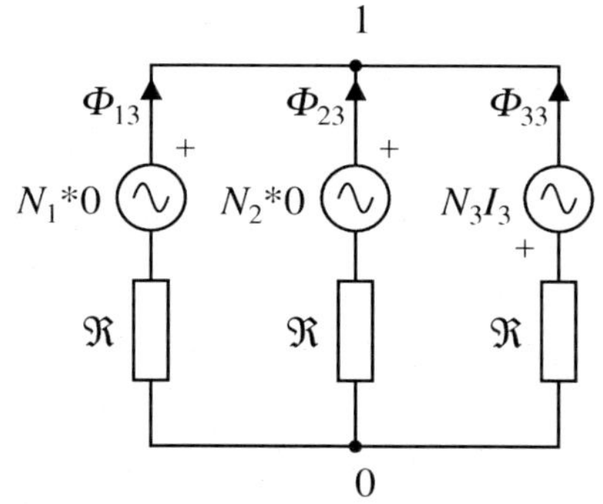

La riluttanza totale vista dal generatore è

$$\Re_{tot} = \frac{\Re}{2} + \Re = \frac{3}{2} \Re$$

per cui si ottiene

$$\Phi_{33} = -\frac{N_3 I_3}{3/2 \, \Re} = -\frac{2 N_3 I_3}{3 \Re}$$

e

$$L_3 = \frac{\Phi_{33c}}{I_3} = -\frac{N_3 \Phi_{33}}{I_3} = \frac{2 N_3^2}{3 \Re}.$$

2° QUESITO Si considerino n bipoli capacitivi collegati in parallelo

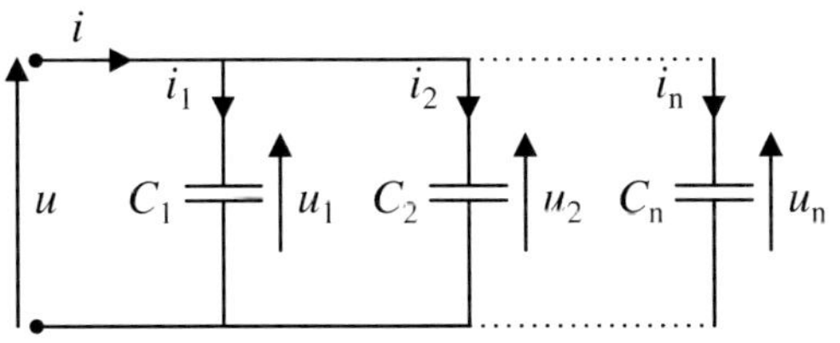

Si può scrivere per le LKT

$$u = u_k \quad (k = 1, 2, \ldots, n)$$

mentre per le LKC

$$i = \sum_{k=1}^{n} i_k \,.$$

Dalle LKT e LKC, utilizzando la relazione costitutiva del condensatore, si può pertanto scrivere

$$i = i_1 + i_2 + \ldots + i_n = \sum_{k=1}^{n} C_k \frac{du_k}{dt}$$

$$i = \left(\sum_{k=1}^{n} C_k \right) \frac{du}{dt} = C_p \frac{du}{dt}$$

avendo indicato con C_p la capacità complessiva del parallelo dei condensatori. Si ottiene perciò

$$C_p = \sum_{k=1}^{n} C_k \,.$$

1° ESERCIZIO La capacità del tronco di cavo coassiale vale

$$C = \frac{2\pi\varepsilon_0\varepsilon_r l}{\ln\left(\frac{b}{a}\right)} = \frac{2\pi\cdot 8.854\cdot 10^{-12}\cdot 9\cdot 6\cdot 10^{-2}}{\ln\left(\frac{1}{0.5}\right)} = 4.334\cdot 10^{-11} \text{ F.}$$

L'espressione della corrente di spostamento i_s è

$$i_s(t) = C\frac{dv(t)}{dt}.$$

Sostituendo il valore di C e derivando la tensione $v(t)$ rispetto al tempo, si ottiene

$$i_s(t) = 4.334\cdot 10^{-11}\cdot 100\cdot 120\pi\cos(120\pi t) = 1.6\cos(120\pi t)\ \ \mu\text{A.}$$

2° ESERCIZIO Prima di applicare il metodo simbolico, occorre esprimere la corrente corrispondente $j(t)$ mediante la funzione seno, cioè

$$j(t) = \sqrt{2}\cdot 1\cdot\cos(314t + \frac{\pi}{6}) = \sqrt{2}\cdot 1\cdot\text{sen}(314t + \frac{2\pi}{3})\ \text{ A.}$$

Il calcolo dei fasori e delle impedenze fornisce

$$\tilde{E} = -j230 \text{ V} \qquad \tilde{J} = -0.5 + j0.866 \text{ A}$$
$$\dot{Z}_R = 20\ \Omega \qquad \dot{Z}_L = j\cdot 314\cdot 500\cdot 10^{-3} = j157\ \Omega$$
$$\dot{Z}_C = \frac{-j}{314\cdot 0.1\cdot 10^{-3}} = -j31.847\ \Omega.$$

Per rispondere al quesito, si può applicare il teorema di Thévenin distaccando il generatore ideale di corrente, ottenendo la seguente rete

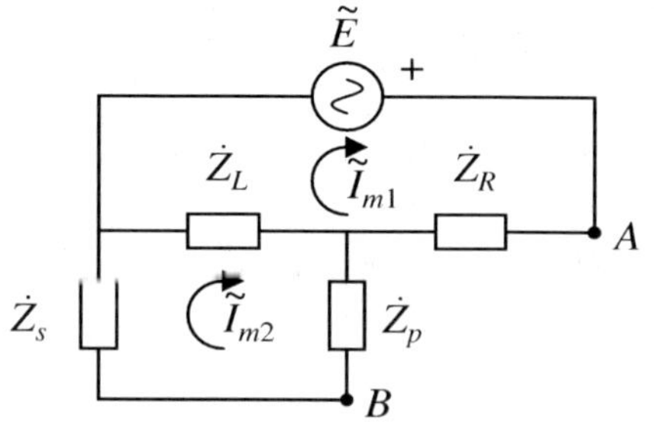

in cui

$$\dot{Z}_p=\left(\frac{1}{\dot{Z}_R}+\frac{1}{\dot{Z}_C}\right)^{-1}=14.343-j9.008\ \ \Omega$$
$$\dot{Z}_s=\dot{Z}_R+\dot{Z}_L+\dot{Z}_C=20+j125.153\ \ \Omega$$

Per determinare la $\tilde{E}_{Th}$, cioè $\tilde{V}_A-\tilde{V}_B$, si risolve col metodo delle maglie; il sistema risolvente, scritto in forma matriciale, è

$$\begin{bmatrix}\dot{Z}_R+\dot{Z}_L & -\dot{Z}_L\\ -\dot{Z}_L & \dot{Z}_s+\dot{Z}_p+\dot{Z}_L\end{bmatrix}\begin{bmatrix}\tilde{I}_{m1}\\ \tilde{I}_{m2}\end{bmatrix}=\begin{bmatrix}\tilde{E}\\ 0\end{bmatrix}$$

le cui soluzioni sono

$$\tilde{I}_{m1}=-2.791-j1.276\text{ A};$$
$$\tilde{I}_{m2}=-1.488-j0.921\text{ A}.$$

Il calcolo della $\tilde{E}_{Th}$ è

$$\tilde{E}_{Th}=\tilde{V}_A-\tilde{V}_B=\dot{Z}_R\tilde{I}_{m1}+\dot{Z}_p\tilde{I}_{m2}=-85.454-j25.322\ \ \text{V}.$$

La $\dot{Z}_{Th}$ vista dai morsetti *A* e *B* si calcola passivizzando la rete, cioè cortocircuitando il generatore di tensione $\tilde{E}$, ottenendo

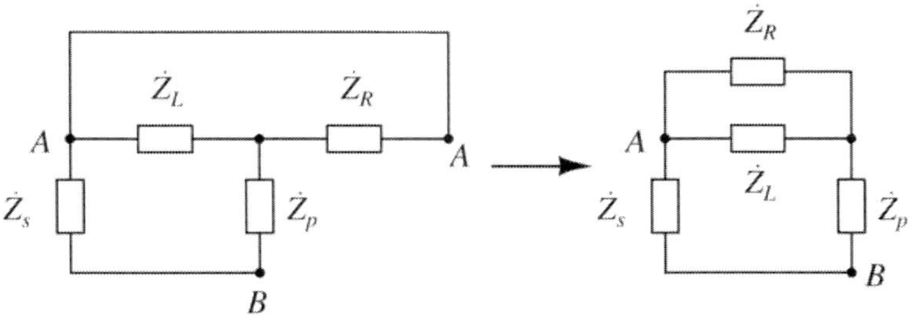

da cui immediatamente si nota che le impedenze $\dot{Z}_R$ e $\dot{Z}_L$ sono in parallelo, questo parallelo è in serie con $\dot{Z}_p$ e il tutto è in parallelo con $\dot{Z}_s$, per cui il calcolo fornisce

$$\dot{Z}_{Th}=33.567+j2.692\ \ \Omega.$$

Riattaccando ai morsetti *A* e *B* il generatore ideale di corrente $\tilde{J}$, si ricava la tensione $\tilde{V}_x$ ai suoi capi, risolvendo il semplice circuito seguente

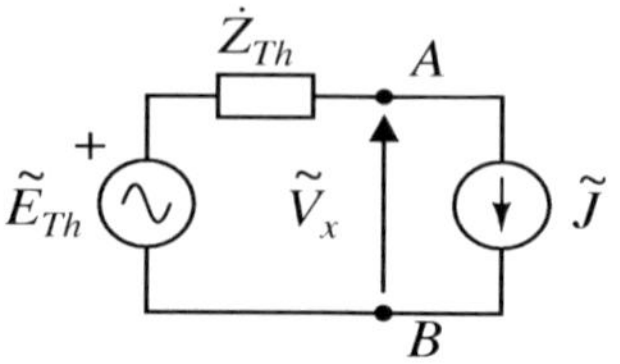

in cui

$$\tilde{V}_x = \tilde{E}_{Th} - \dot{Z}_{Th}\tilde{J} = -66.340 - j53.045 \quad \text{V} .$$

Il generatore $e_x(t)$, che sostituito a $j(t)$ mantiene inalterata la risposta della rete, è la sinusoide corrispondente al fasore $\tilde{V}_x$

$$e_x(t) = \sqrt{2}\,84.94\,\text{sen}(314t - 2.467) \quad \text{V} .$$

SOLUZIONI PROPOSTE PER I QUESITI E GLI ESERCIZI DELL'ESAME ID # : 024

1° QUESITO

Dalla natura solenoidale dell'induzione magnetica discende che, non solo le linee di forza sono chiuse (eventualmente all'infinito), ma anche i corrispondenti tubi di flusso. Dalla definizione di tubo di flusso discende che è nullo il flusso dell'induzione magnetica **B** attraverso la superficie laterale che delimita il tubo di flusso. Si può concludere quindi che all'interno di un tubo di flusso, il flusso dell'induzione magnetica **B** attraverso generiche sezione trasversali S rimane invariato, e cioè

$$\Phi = \iint_S \mathbf{B} \cdot \hat{\mathbf{n}}\, dS = cost.$$

Si consideri ora un tronco di tubo di flusso delimitato dalle superficie terminali S_A ed S_B ortogonali alle linee di forza dell'induzione magnetica **B**

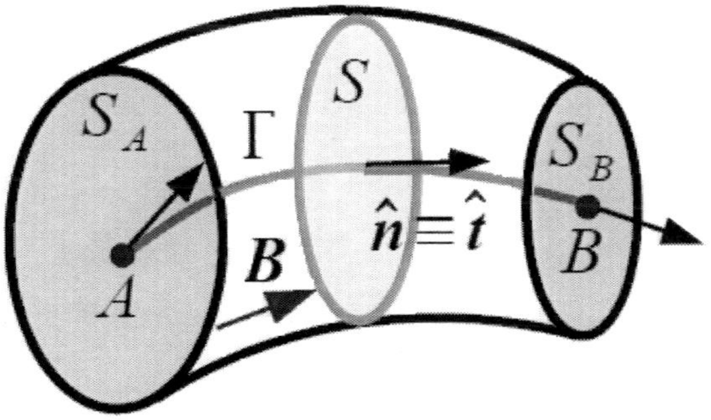

Si assuma per ipotesi che al suo interno il mezzo sia isotropo omogeneo e lineare. Se all'interno del tubo di flusso il campo di corrente di conduzione è nullo (i.e. $\mathbf{J} = 0$), allora si avrà che

$$\nabla \times \mathbf{H} = 0$$

Si può allora definire, all'interno del tronco di tubo di flusso (che è semplicemente connesso), un potenziale scalare magnetico φ_m, tale che

$$\mathbf{H} = -\nabla \varphi_m$$

Poiché, per le ipotesi fatte, le superficie terminali S_A ed S_B risultano ortogonali anche alle linee di forza del campo magnetico $\mathbf{H}$, tali superfici sono delle superfici equipotenziali. La tensione magnetica (espressa in A) tra le due superfici terminali del tronco di tubo di flusso è data da

$$\varphi_{mAB} = \varphi_{mA} - \varphi_{mB} = \int_{\Gamma} \mathbf{H} \cdot \hat{\mathbf{t}}\, dl\,.$$

dove A e B sono due generici punti, rispettivamente, di S_A ed S_B e l'integrale è valutato su una qualunque linea Γ, interamente contenuta nel tronco di tubo di flusso, che collega i punti A e B.

Ciò detto, la legge di Hopkinson, in analogia alla legge di Ohm, definisce riluttanza del tronco del tubo di flusso di $\mathbf{B}$, delimitato dalle due superfici equipotenziali S_A ed S_B, il rapporto fra la tensione φ_{mAB} ed il flusso Φ

$$\Re_{AB} = \frac{\int_A^B \mathbf{H} \cdot \hat{\mathbf{t}}\, dl}{\iint_S \mathbf{B} \cdot \hat{\mathbf{n}}\, dS} = \frac{\varphi_{mA} - \varphi_{mB}}{\Phi} = \frac{\varphi_{mAB}}{\Phi}$$

da cui l'espressione

$$\varphi_{mAB} = \Re_{AB} \cdot \Phi$$

2° QUESITO Si consideri il bipolo di figura

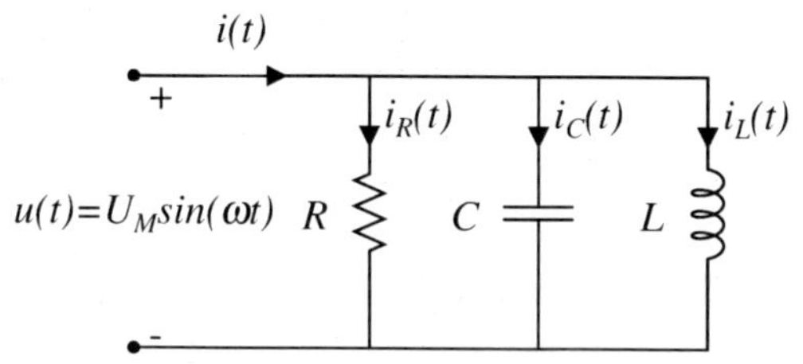

costituito da una resistenza R, un'induttanza L e una capacità C

collegate tra loro in parallelo e alimentato dalla tensione sinusoidale $u(t)=U_M \sin(\omega t)$. L'impedenza del bipolo, che è funzione della pulsazione ω, vale:

$$\dot{Z}=\frac{1}{\frac{1}{R}+j\left(\omega C-\frac{1}{\omega L}\right)}=\frac{\frac{1}{R}-j\left(\omega C-\frac{1}{\omega L}\right)}{\frac{1}{R^2}+\left(\omega C-\frac{1}{\omega L}\right)^2}$$

il cui modulo Z(ω) e argomento φ(ω) valgono

$$Z(\omega)=\frac{1}{\sqrt{\frac{1}{R^2}+\left(\omega C-\frac{1}{\omega L}\right)^2}} \quad , \quad \varphi(\omega)=arctg\left[\left(\frac{1}{\omega L}-\omega C\right)\cdot R\right]$$

Alla pulsazione

$$\omega_0=\frac{1}{\sqrt{LC}}$$

per la quale le reattanze induttiva e capacitiva si eguagliano, si ha che il modulo $Z(\omega)$ assume il valore massimo $Z(\omega_0) = R$ e l'argomento $\varphi(\omega_0)$ è nullo. Tale condizione viene detta condizione di risonanza parallelo (o antirisonanza) e la pulsazione ω_0 prende il nome di pulsazione di risonanza. In questa condizione di funzionamento si ottiene il diagramma fasoriale di figura

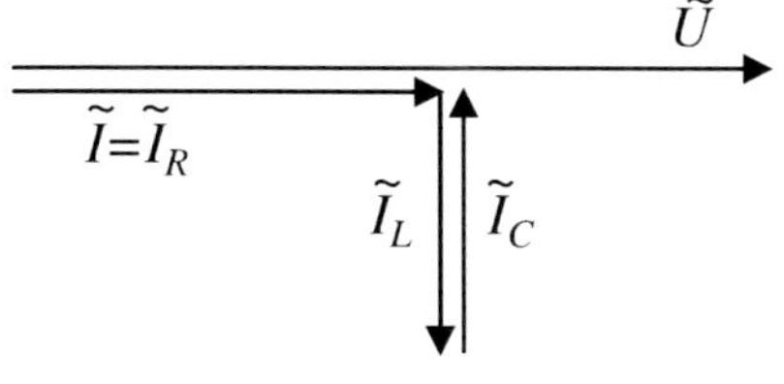

in cui i fasori delle correnti assumono le seguenti espressioni

$$\tilde{I}=\tilde{I}_R=\frac{\tilde{U}}{R} \qquad \tilde{I}_L=-j\frac{1}{\omega_0 L}\tilde{U} \qquad \tilde{I}_C=j\omega_0 C\tilde{U}$$

In condizioni di risonanza parallelo avviene dunque che la corrente totale del parallelo $\tilde{I}$ coincide con la corrente della resistenza $\tilde{I}_R$ ed è in fase con la tensione $\tilde{U}$ ai capi del bipolo, mentre le correnti $\tilde{I}_L$ dell'induttanza e $\tilde{I}_C$ della capacità sono uguali in modulo e in opposizione di fase tra loro. Il bipolo *R-L-C* parallelo si comporta come una resistenza di valore *R*, assorbendo quindi solamente potenza attiva; risulta nulla la potenza reattiva assorbita, in quanto induttanza e capacità assorbono potenze reattive uguali in modulo ma di segno opposto

$$Q_{ass} = Q_L + Q_C = \frac{U^2}{X_L} + \frac{U^2}{X_C} = \left(\frac{1}{\omega_0 L} - \omega_0 C\right) \cdot U^2 = 0$$

Si può definire il fattore di merito Q_0 come il rapporto tra i valori efficaci delle correnti dell'induttanza I_L (o della capacità I_C) e di alimentazione I (che per quanto detto coincide con la corrente I_R della resistenza) alla pulsazione ω_0 di risonanza

$$Q_0 = \frac{I_L}{I} = \frac{\dfrac{U}{\omega_0 L}}{\dfrac{U}{R}} = R\sqrt{\frac{C}{L}}$$

$$Q_0 = \frac{I_C}{I} = \frac{U\,\omega_0 C}{\dfrac{U}{R}} = R\sqrt{\frac{C}{L}}$$

Pertanto se i valori di *R*, *L* e *C* sono tali per cui $Q_0 > 1$, l'ampiezza delle correnti che scorrono su induttanza e capacità è maggiore dell'ampiezza della corrente *I* di alimentazione. In applicazioni di potenza, condizioni di risonanza parallelo con $Q_0 \gg 1$ causano la comparsa di correnti interne al sistema maggiori di quella assorbita e vanno quindi evitate, costituendo ciò potenziale pericolo per l'integrità di persone e/o apparecchiature. In applicazioni di segnale, invece, si può sfruttare il fenomeno della risonanza parallelo allo scopo di elevare il livello di correnti di valore estremamente basso, come avviene ad esempio negli amplificatori.

1° ESERCIZIO La velocità angolare della barretta vale

$$\omega = 2\pi \cdot \frac{n}{60} \approx 18.5\,\text{rad}\cdot\text{s}^{-1}.$$

L'espressione generale della f.e.m. indotta sulla barretta è invece

$$e = \int_l (\mathbf{v} \times \mathbf{B}) \cdot d\mathbf{l}$$

ove **v** è la velocità in ogni punto della barretta, variabile lungo la lunghezza della barretta e diretta ortogonalmente ad essa. Scegliendo di orientare il vettore $d\mathbf{l}$ lungo la barretta dall'esterno verso l'origine degli assi e sostituendo l'espressione di **v**, si ottiene

$$e = \int_0^l (\omega\,\mathbf{l} \times \mathbf{B}) \cdot d\mathbf{l} = -\omega B \frac{l^2}{2} \approx -0.707\,\text{mV}.$$

2° ESERCIZIO Per risolvere la rete assegnata, occorre determinare la terna di tensioni di alimentazione. Poiché i dati impongono solamente che la tensione nominale (che corrisponde al modulo della tensione concatenata) sia pari a 400 V e che la terna formi un sistema simmetrico diretto, scegliendo per la terna il collegamento a stella si ottiene

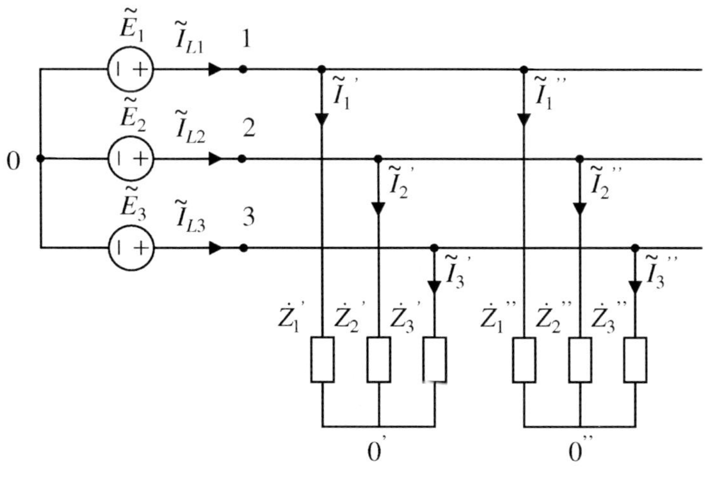

I fasori della terna di generazione sono

$$\tilde{E}_1 = \frac{U_n}{\sqrt{3}} = 230.94 \text{ V}$$
$$\tilde{E}_2 = \tilde{E}_1 e^{-j\frac{2}{3}\pi} = -115.47 - j200 \text{ V}$$
$$\tilde{E}_3 = \tilde{E}_2 e^{-j\frac{2}{3}\pi} = -115.47 + j200 \text{ V}.$$

Poiché mancano le impedenze di linea, la terna di generazione è applicata ad entrambi i carichi, che possono perciò essere studiati separatamente.
Relativamente al primo, si ottiene la seguente rete

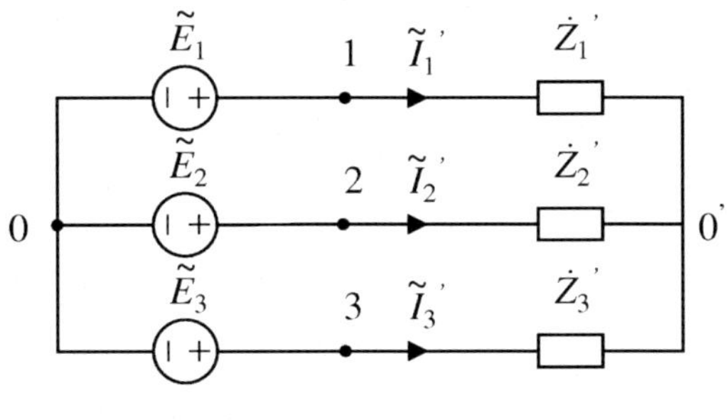

ove, essendo il carico equilibrato, è

$$\tilde{U}_{0'0} = \tilde{V}_{0'} - \tilde{V}_0 = 0 \text{ V}$$
$$\tilde{I}'_1 = \frac{\tilde{E}_1}{\dot{Z}'_1} = 46.188 - j92.376 \text{ A}$$
$$\tilde{I}'_2 = \frac{\tilde{E}_2}{\dot{Z}'_2} = -103.094 + j6.188 \text{ A}$$
$$\tilde{I}'_3 = \frac{\tilde{E}_3}{\dot{Z}'_3} = 56.906 + j86.188 \text{ A}.$$

Relativamente al secondo, si ottiene invece

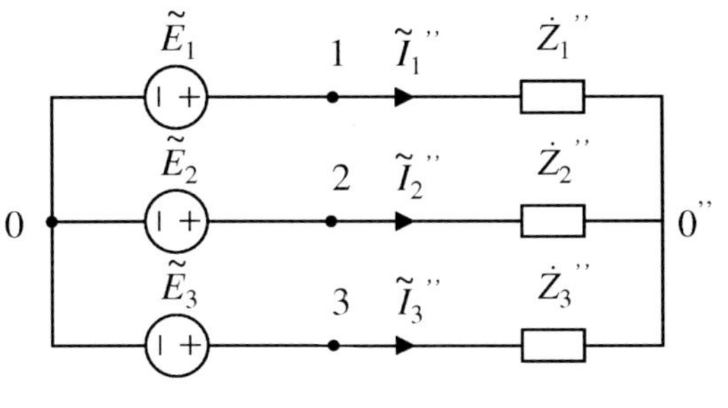

in cui il carico è squilibrato. Applicando la formula di Millman si calcola

$$\tilde{U}_{0''0}=\tilde{V}_{0''}-\tilde{V}_{0}=\frac{\frac{\tilde{E}_1}{\dot{Z}_1''}+\frac{\tilde{E}_2}{\dot{Z}_2''}+\frac{\tilde{E}_3}{\dot{Z}_3''}}{\frac{1}{\dot{Z}_1''}+\frac{1}{\dot{Z}_2''}+\frac{1}{\dot{Z}_3''}}=59.521+j\,3.573\text{ V}$$

da cui

$$\tilde{U}_{0''0}=\tilde{E}_1-\tilde{I}_1''\dot{Z}_1'' \;\Rightarrow\; \tilde{I}_1''=\frac{\tilde{E}_1-\tilde{U}_{0''0}}{\dot{Z}_1''}=16.070-j\,51.783\ \text{ A}$$

$$\tilde{U}_{0''0}=\tilde{E}_2-\tilde{I}_2''\dot{Z}_2'' \;\Rightarrow\; \tilde{I}_2''=\frac{\tilde{E}_2-\tilde{U}_{0''0}}{\dot{Z}_2''}=-37.856-j\,2.858\ \text{ A}$$

$$\tilde{U}_{0''0}=\tilde{E}_3-\tilde{I}_3''\dot{Z}_3'' \;\Rightarrow\; \tilde{I}_3''=\frac{\tilde{E}_3-\tilde{U}_{0''0}}{\dot{Z}_3''}=21.786+j\,54.641\ \text{ A}.$$

Lo spostamento del centro stella O'' rispetto ad O' vale

$$\tilde{U}_{0''0'}=\tilde{V}_{0''}-\tilde{V}_{0'}=59.521+j3.573\text{ V}.$$

Le correnti di linea sono

$$\tilde{I}_{L1}=\tilde{I}_1'+\tilde{I}_1''=62.258-j\,144.160\ \text{ A}$$
$$\tilde{I}_{L2}=\tilde{I}_2'+\tilde{I}_2''=-140.950+j\,3.330\ \text{ A}$$
$$\tilde{I}_{L3}=\tilde{I}_3'+\tilde{I}_3''=78.692+j\,140.830\ \text{ A}.$$

La potenza apparente complessa assorbita complessivamente dai due carichi, $\dot{P}_{car}$, vale

$$\dot{P}_{car} = \dot{Z}_1' \cdot |\tilde{I}_1'|^2 + \dot{Z}_2' \cdot |\tilde{I}_2'|^2 + \dot{Z}_3' \cdot |\tilde{I}_3'|^2 + \dot{Z}_1'' \cdot |\tilde{I}_1''|^2 + \dot{Z}_2'' \cdot |\tilde{I}_2''|^2 + \dot{Z}_3'' \cdot |\tilde{I}_3''|^2 =$$
$$= P_{car} + j\,Q_{car} = 49066.667 + j\,93866.667 \quad \text{VA}.$$

L'angolo φ è perciò

$$\varphi = \arctan\left(\frac{\Im(\dot{P}_{car})}{\Re(\dot{P}_{car})}\right) = 1.089\,\text{rad}$$

Per innalzare il fattore di potenza a $\cos\varphi' = 0.92$, si inserisce, in parallelo al carico e collegato a triangolo, un banco di condensatori di rifasamento. Assumendo per la frequenza f il valore di 50 Hz, la pulsazione ω vale

$$\omega = 2\pi f = 314 \quad \text{rad} \cdot \text{s}^{-1}$$

e la capacità, C_{rif}, da assegnare a ciascun condensatore è

$$C_{rif} = \frac{P_{car}(\tan\varphi - \tan\varphi')}{3\,\omega\,U_n^2} = 483.9 \quad \mu\text{F}.$$

Made in United States
North Haven, CT
05 November 2026

21766936R10107